儿童恐惧心理学

从涂鸦中读懂孩子的恐惧情绪

[意] 埃维·克罗蒂（Evi Crotti）

[意] 阿尔贝托·马格尼（Alberto Magni） 著

高鹏 译

人民邮电出版社

北　京

图书在版编目（CIP）数据

儿童恐惧心理学：从涂鸦中读懂孩子的恐惧情绪 /
（意）埃维·克罗蒂，（意）阿尔贝托·马格尼著；高鹏
译. -- 北京：人民邮电出版社，2021.3
ISBN 978-7-115-55894-7

Ⅰ. ①儿… Ⅱ. ①埃… ②阿… ③高… Ⅲ. ①儿童画
—关系—恐惧—儿童心理学—研究 Ⅳ. ①B844.1
②B842.6

中国版本图书馆CIP数据核字(2021)第004770号

内 容 提 要

每个儿童都会经历恐惧情绪，只要允许他们坦率地表现出来，随着时间的推移，这些恐惧情绪都会被克服；反之，就会加剧并最终成为真正的困扰。

在对不同年龄的儿童进行观察并和他们直接交谈后，本书的两位作者建议父母和教育工作者，在面对儿童的恐惧情绪时，要特别留意他们传递出的非言语信息，如他们的绘画和涂鸦。本书的内容包括恐惧与情绪、9种心理类型与恐惧情绪、从出生至12岁儿童恐惧情绪的发展及34种最常见的儿童恐惧情绪在涂鸦和绘画中的表现，并为父母和教育工作者提供了实用的建议。

只有当儿童的恐惧情绪超过一定程度时，才需要求助于专家。在其他情况下，只要父母和教育工作者正确地理解从儿童那里接收到的"预兆性信号"，就能够为他们做很多事情。

◆ 著　［意］埃维·克罗蒂（Evi Crotti）
　　　　［意］阿尔贝托·马格尼（Alberto Magni）
　　译　高　鹏
　　责任编辑　黄海娜
　　责任印制　杨林杰

◆ 人民邮电出版社出版发行　　北京市丰台区成寿寺路 11 号
邮编 100164　电子邮件 315@ptpress.com.cn
网址 https://www.ptpress.com.cn
北京瑞禾彩色印刷有限公司印刷

◆ 开本：889×1194　1/24
印张：9.5　　　　　　　　　　2021 年 3 月第 1 版
字数：250 千字　　　　　　　2025 年 4 月北京第 30 次印刷
著作权合同登记号　图字：01-2020-4672 号

定　价：59.80 元
读者服务热线：（010）81055656　印装质量热线：（010）81055316
反盗版热线：（010）81055315

关于本书

《儿童恐惧心理学》一书分为以下几章。

第一章是恐惧与情绪，通过概述恐惧情绪的来源、类型（恐惧和恐惧情绪本身）、作用，以及恐惧情绪在儿童的绘画和涂鸦中的表现，引入对恐惧情绪的探讨。

第二章是心理类型与恐惧情绪，介绍了儿童与情绪（及恐惧）之间的关系，儿童的情绪可概括为 9 种心理类型：易激动、多愁善感、胆怯、戏剧性、暴躁易怒、压抑的焦虑、凌乱的焦虑、冲动的焦虑和无兴趣。

第三章是从出生至 12 岁儿童情绪的发展，着重讲述他们的行为举止、反应，尤其是对他们的涂鸦和绘画进行分析。

本书的最后一章是讨论，儿童的涂鸦和绘画能反映他们内心最常见的恐惧情绪，在本章我们一共讨论了 34 种最常见的儿童恐惧情绪，并为父母和教育工作者提供了实用的建议。

在本书的结尾部分，我们专门介绍了"成年人的恐惧情绪"（这种恐惧情绪会传递给儿童）、"在家庭中父母应该怎么做"和"给父母的建议"，希望父母坦然面对且不低估儿童的恐惧情绪。

爱能消除一切恐惧

本书是如何诞生的

本书的诞生是一个偶然。一天，埃维·克罗蒂在沙滩上看到4岁的朱利奥在与海水第一次接触时挣扎着，更甚的是旁边还有一位不惜一切代价想让儿子成为完美的游泳健将的父亲，于是他走到这对父子的身边，说出了这句简单的话："你游得真是太棒了，我到现在都不能浮在水面上！"

当和孩子讲话的时候，埃维·克罗蒂会用他惯用的说话方式，并且总是面带笑容，这让朱利奥既兴奋又开心。朱利奥很快就学会了游泳，最重要的是他不再对水感到恐惧了。

这一切都表明儿童不需要逻辑性很强的道理，也不屈从于强势或强迫，而是需要我们对其个性给予肯定和强化。毫无疑问，这也是对其年龄而言最易理解的语言。

每个儿童都会经历一些恐惧情绪，只要允许他们坦率地表现出来，随着时间的推移，这些恐惧情绪都会被克服；反之，就会加剧并最终成为真正的困扰。

如何才能帮助儿童克服恐惧情绪且在成年后不留下任何阴影？这正是本书将要探讨的话题之一，我们希望在这本书中，即使无法给出最终答案，但至少可以给出有价值且可行的建议。

我们的恐惧情绪来自外部，正如心理学家卡尔·古斯塔夫·荣格（Carl Gustav Jung）提出的"集体无意识"，也就是说，恐惧情绪并非源于个人经历，比如对黑暗的恐惧、对恶劣天气的恐惧、对死亡的恐惧，等等。同时，也有一些因周遭环境传递出的恐惧情绪，如来自家庭的、社会的。所以，需要对这些恐惧情绪加以区分，恐惧情绪不同，对待它们的方式也有所不同。

儿童对恶劣天气的恐惧会被父母驱散，父母对孩子说，这些可怕的咆哮声只不过是乌云在玩撞击游戏发出的声响：这是一种简单、富有诗意且又充满教育意义的安抚孩子的方法。这是一个在如此脆弱和敏感的年龄如何面对和解决问题的一个很好的示例，由此可见在面对儿童的恐惧情绪时，并不需要讲道理或概念化。

没有言语的语言

在面对儿童的恐惧情绪时，我们建议父母和教育工作者要特别留意儿童传递出来的信息，特别是非言语信息，即不是通过言语表达出来的信息，如行为举止、发脾气、失眠、遗尿（尿床）、长时间哭泣或啼哭、吃手、乱涂乱画……

只有当儿童的恐惧情绪超过一定程度时，才需要求助于专家。在其他情况下，只要父母能读懂从孩子那里接收到的"预兆性信号"，就能够为他们做很多事情。

在对上百名不同年龄的儿童进行观察并和他们直接交谈后，我和埃维·克罗蒂已经能够确认，非言语信息具有非常重要的意义，并能够给予那些致力于解决童年及青春期问题的人士很大的帮助。然而重要的是，解决这些问题的方法应该保持对儿童群体的尊重，即必须基于"心理、生理和智力不成熟是儿童自然特性的一部分"这一认知。发育期本身就是"不健全的"，也就是说，在这个年龄阶段，催促儿童不断适应环境和成长，会导致他们变得脆弱。

我们常常会忘记适应带来的痛苦，并且经常听到一些让孩子承担过重的责任的"狠话"："你已经长大了，就必须有更好的表现！"

这些话会引发孩子的焦虑，并一点一点地使他们产生恐惧情绪和不安全感。对孩子而言，周遭的世界将会成为冲突的根源，他们会因此对成长产生恐惧，即出现"彼得潘综合征"。

最后，同样重要的是，父母应该接受每个孩子都有自己的"生理节奏"：有些孩子成长得较快，有些则较缓慢。不惜一切代价想要养育一个"成熟"的孩子，这种焦虑只会忽略孩子的和谐成长或扼杀他们的潜力。

阿尔贝托·马格尼

目录

引言

这本书是写给谁的 _ 1

第一章

恐惧与情绪 _ 7

恐惧情绪的产生 _ 9

恐惧情绪的种类 _ 11

恐惧情绪的作用 _ 16

从涂鸦和绘画中解读恐惧情绪 _ 18

第二章

心理类型与恐惧情绪 _ 27

心理特征 _ 29

易激动 _ 32

多愁善感 _ 37

胆怯 _ 41

戏剧性 _ 46

暴躁易怒 _ 51

压抑的焦虑 _ 55

凌乱的焦虑 _ 59

冲动的焦虑 _ 63

无兴趣 _ 68

第三章

从出生至 12 岁的恐惧情绪 _ 73

影响恐惧情绪解读的因素 _ 75

出生至 18 个月 _ 78

18 个月至 3 岁 _ 90

3 至 6 岁 _ 95

6 至 8 岁 _ 102

8 至 12 岁 _ 109

第四章

34 种最常见的儿童恐惧情绪 _ 115

如何阅读恐惧情绪标签 _ 117

害怕被抛弃 _ 120

害怕水 _ 123

害怕高空 _ 126

害怕攻击性 _ 128

害怕动物 _ 130

害怕灾难 _ 133

害怕黑暗 _ 136

害怕独立自主 _ 140

害怕身体接触 _ 142

害怕长大得太快 _ 144

害怕违抗 _ 146

害怕医生 _ 148

害怕考试 _ 150

害怕自己是被收养的 _ 152

害怕自己是坏孩子 _ 154

害怕被吃掉 _ 156

害怕昆虫 _ 158

害怕权威 _ 161

害怕怪物和幽灵 _ 164

害怕疾病和死亡 _ 168

害怕锋利的物体 _ 170

害怕恐惧本身 _ 172

害怕理发 _ 174

害怕失去父母的爱 _ 177

害怕被绑架 _ 180

害怕血 _ 182

害怕犯错 _ 184

害怕弄脏 _ 186

害怕巫婆 _ 188

害怕雷雨 _ 190

害怕搬家 _ 192

害怕有络腮胡子的男性 _ 194

害怕上学 _ 196

害怕父母分开 _ 200

成年人的恐惧情绪 _ 203

在家庭中父母应该怎么做 _ 206

给父母的建议 _ 209

引言

这本书是写给谁的

　　我们写这本书是考虑到育儿这门"艺术"从未像今天这样有难度。当今社会要求家长们全力满足家庭的经济需求，这让父母，尤其是母亲，没有足够的时间和子女们进行持续的和有规律的交流和沟通。

　　学校本身也没有为父母及其子女留下对话的空间，而是充斥着夺走父母和孩子大量时间的过多的"作业"，这让儿童更加焦虑并因此产生了恐惧情绪。恐惧上学是当今最为频发和严重的恐惧情绪之一。

　　然而，儿童和青少年能够和谐成长的两个核心要素是家庭和学校：前者必须在情绪和情感层面及儿童成长的各个阶段给予其支持，应该为人生而教育；后者则应一步步引领儿童（这才是儿童教育家的真正技巧），使其通过学习知识将自己的能力和天赋发挥出来。

　　还需强调的是，绝不能将本书中所描述的恐惧情绪与病理学、性格和人格联系在一起。这些恐惧情绪并非一直都是负面的，有时它们对儿童的成长是一种有利的刺激，因为恐惧情绪能够帮助儿童避免某些危险，并帮助他们在将要面临的不同人生体验面前做好准备。成年人应能够辨别那些与儿童成长相关的"正常的"恐惧情绪，学会从容面对，既不低估儿童的恐惧情绪，也不要表现出过度的焦虑进而加剧他们的恐惧情绪。因此，儿童的恐惧情绪更多的是被理解，而不是被治愈。

如何使用本书

这本关于儿童恐惧情绪的手册，其阅读方式应该是"轻松的"，这就意味着读者不必考虑在本书中找到每种恐惧情绪的解决方法。儿童的恐惧情绪是一个信号，但也是成长的一种"抗体"，因此我们必须面对它。当孩子发烧时，我们不会认为他们得了肺炎，也不会马上去看急诊，而是先通过爱抚和一些小技巧安抚他们的情绪，然后照顾和观察我们的小家伙。

在面对儿童的恐惧情绪时，我们也应该采取这种做法。恐惧情绪只是一种征状，因此我们必须首先完全了解它，然后才能以正确的方式对待它。

　　本书中所提供的建议，是针对不同年龄和不同成长阶段的儿童每天所产生的恐惧情绪和不安的简单、实用的建议。

　　我们建议读者先通读整本书的内容，然后再着重阅读与儿童的实际情况相关的章节。这种阅读方式能够拓宽我们看问题的视野，并且帮助我们对儿童的恐惧情绪的程度做出正确的判断，这可以避免不必要且有害的危言耸听和自扰。

　　最后要强调的是，对涂鸦和绘画的解读仅具有指示性的价值：实际上，一项正确并完整的评估需要对儿童的过往或经历有全面、深刻的了解。然而，在本书中，这是不可能做到的。

第一章

恐惧与情绪

恐惧情绪的产生

恐惧情绪的历史和人类一样久远。恐惧情绪可以被视为一种对儿童成长有利的自我保护机制，因为它能够激发儿童做出一些反应，以保护自己免受来自外界的潜在危险带来的伤害。

然而，我们需要将所有人都能感受到的恐惧（我们称之为"生理性恐惧"）与所谓的"病理性恐惧"区分开来，并不是因为病理性恐惧表述的是一种疾病，而是因为它表现出失去"防卫"功能的某些特征。

当恐惧情绪在没有现实危险的情况下被激发，或者当恐惧情绪以过度的、与引起恐惧的刺激完全不成比例的形式表现出来时，就变成病理性恐惧了。

恐惧情绪、焦虑、恐惧症

我们已经知道有各种各样的恐惧情绪，所有这些恐惧都拥有一些共同特征，而这些特征将恐惧情绪与病理性焦虑和恐惧症区分开。病理性焦虑和恐惧症属于真正的疾病，在这里只是捎带提及，并不在我们的探讨范围之内。

我们要强调的是，恐惧是一种可以在任何年龄阶段表现出来的情绪：从幼儿至青少年，从青少年至成年，直至老年。在本书中我们将要探讨的是个体从出生至青少年时期的恐惧情绪。

恐惧情绪的种类

通常，成年人无法理解儿童的恐惧情绪，成年人认为儿童的恐惧情绪是"奇怪的"或过度的。儿童会怕黑、怕动物、怕鬼、怕怪物、怕巫婆，或者怕自己幻想出来的其他形象。这种恐惧情绪会随着时间的推移慢慢消失，这是正常现象。

然而，当这种恐惧情绪一直持续，或者阻碍了儿童的日常活动时，就另当别论了。在这种情况下，在寻求专家的帮助之前，我们希望父母和教育工作者都接受过这样的训练，即能够解读儿童很容易就传递给我们的一些信息。

主动倾听和观察儿童每时每刻传递出来的言语和非言语信息就足够了，我们可以从中了解他们的真正需求是什么，他们想告诉我们什么，特别是当他们不使用言语表达的时候。

与成年人一样，儿童的恐惧情绪可能是轻微的或非常强烈的，这取决于特定的对象，比如动物、处境、身处黑暗之中，对于这些情况并没有明显合理的解释。

在一项针对 4 至 12 岁儿童进行的全球范围的研究中，有 43% 的儿童称自己至少有 7 种恐惧情绪，但都不属于病理性恐惧，因此这些恐惧情绪被认为是正常的。然而，这些恐惧情绪却对儿童和他们的父母构成了困扰。通常，这些恐惧情绪会自行化解并消失。实际上，因受恐惧情绪或轻微恐惧症困扰而需要接受治疗的儿童的数量很少。

强烈程度

正如我们所看到的那样，存在不同类型的恐惧情绪，并且它们表现出截然不同的特征。

仅对儿童造成困扰的严重程度这一个要素就能够区分恐惧情绪的性质。当然，衡量恐惧情绪给个体带来的痛苦程度并非易事，然而从某种意义上说，有一些技巧能够给予我们一些帮助。例如，通过对儿童的涂鸦和绘画进行分析，我们就能够知道作画者恐惧情绪的程度，并且知道何时进行干预是有效的、不可或缺的。

基于恐惧情绪的严重程度，我们可以将恐惧情绪分为以下几类。

- 生理性恐惧情绪：即天生的恐惧情绪，与儿童的体质有关。

- 正常的恐惧情绪：即与儿童成长直接相关的恐惧情绪。

- 警惕性恐惧情绪：即有助于提高儿童反应能力的恐惧情绪。

- 阻滞性恐惧情绪：即阻碍了儿童反应能力的恐惧情绪。

- 病理性恐惧情绪：即真正临床意义上的恐惧情绪。

根据恐惧情绪严重程度的不同，我们必须采取不同的应对方式。我们要牢记，恐惧情绪的严重程度取决于处理恐惧情绪的能力。因此，随着时间的推移，恐惧情绪并没有完全消除，但我们可以通过学习如何应对恐惧情绪以减少它们对我们造成的影响。

儿童的恐惧情绪更多的是被解读，而非解决。因此，父母必须先会表达和管理自己的情绪，然后教给子女同样的事情。我们发现，很多时候儿童被迫与父母在无意识中投射出来的恐惧情绪共处。

父母和教育工作者应该一直牢记，儿童与他们所谓的"榜样"联系非常紧密，他们将所有正面和负面的情绪都倾注在"榜样"的身上。因此，当儿童说害怕怪物时，实际上可能只是将父母向他们施加的恐惧情绪转移到一个虚构的对象身上。儿童将"现实中的危险"，即来自独断专行的父母的攻击，转化为一种"象征性的危险"，即怪物的攻击（见图 1-1 ）。

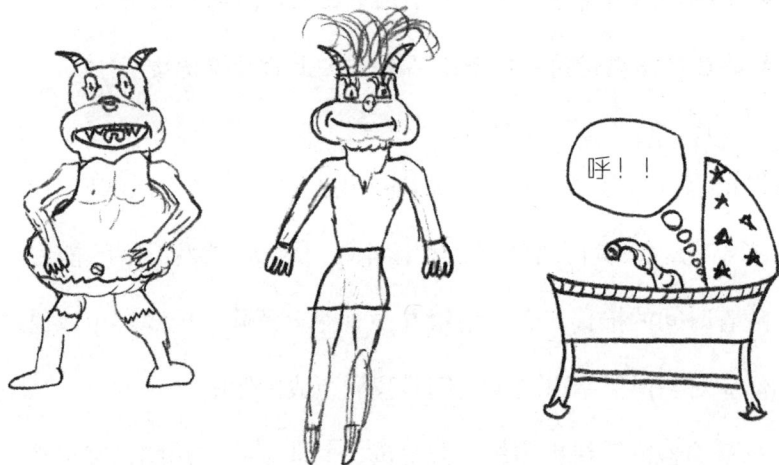

图 1-1 害怕怪物

恐惧情绪的迹象

恐惧情绪是如何表现出来的？儿童的恐惧情绪并非总是完全直接而清晰地表现出来，也并不总是通过他们的嘴巴说出来，特别是在过于专制和压抑的环境中。恐惧情绪更易于在家人信任或亲密的时刻表现出来，然而不幸的是，这些时刻并非总是存在。

大多数时候父母和教育工作者都要格外注意，捕捉那些间接表明儿童存在困扰的非言语信号，下面我们举几个例子。

- 退化，即儿童表现出不同于平常的行为举止，会使人联想到婴幼儿。

- 在某个成长阶段，儿童对膀胱和肠道的控制减弱（如尿床），但在该阶段不应该出现这种情形。

- 无精打采或有独处的倾向。

- 反应夸张，如与大人说话时脸红、害羞或面色苍白。

- 被动性，通常被称为"懒惰"，一种对一切事物、事件或情况的惰性适应。

- 毫无原因的冲动、强势或暴力倾向。

- 具有特别讨人厌的倾向，令人生厌。

- 有异常的行为举止，如失眠、频繁地发脾气、某些执念（如对食物的选择）、莫名其妙的反应。

恐惧情绪的作用

恐惧情绪的主要作用是自我保护。一个没有经历过不适情绪（如恐惧情绪）的孩子往往会有消极被动的性格特征，即与周围的世界隔离，对刺激无动于衷或无法做出反应。

此外，情绪为儿童提供了某种支配成年人的力量，因此儿童的情绪几乎都是"有意为之"以验证成年人对自己是否关注。

恐惧情绪的作用如下。

- 自我保护：恐惧情绪有助于个体人格的形成和构建及自我保护机制的完善。

- 生存需要：在不利的环境中，恐惧情绪可以使个体适应当前的环境，或者使其调整应对环境的策略。

- 为危险做准备：恐惧情绪是一种基于经历的"心理训练"。

- 提高警惕：恐惧情绪促使个体提高警惕，推动其采取行动。

- 应变能力的发展：这是恐惧情绪最重要的作用，应变能力是一种"有意识"的行为，因此这种能力只属于人类，并且使人类能够改造环境。

在《当孩子感到恐惧时》（*Quandoi bambini banno paura*）一书中，作者写道，"恐惧存在的意义就是被克服"。正是因为克服了恐惧，儿童才得以成长并获得独立自主，这对儿童的一生都是有益的。

从涂鸦和绘画中解读恐惧情绪

语言并不是一种全面的交流工具，因为它经常由于教育和情感因素失真。如此一来，非言语表达在教育儿童的过程中具有极其重要的意义。

没有词语的词典

通过图形（涂鸦和绘画），儿童为我们呈现出一本全新的词典，这本词典具有丰富的含义，没有任何约束或过于概念化的规则，这为儿童的感觉、情绪和敏感世界留出了空间，而这个世界也因其独创性而闪闪发光。

而儿童的涂鸦和绘画为父母和教育工作者提供了一个了解儿童的真正需求和内心世界的独特机会。

绘画不仅仅是打发时间，涂鸦也并非毫无意义的涂抹，它们是打开儿童内心世界的钥匙。因此，涂鸦和绘画是一种真正的"教育游戏"，可以帮助儿童构建其动作技能和社交生活。

涂鸦和绘画总是映射出作画者的经历，从构建 - 环境 - 经历构成的原始核心为出发点，有时这个核心又会不断演化和发展。

快照，即作画者在特定的瞬间的涂鸦和绘画，始终是他们的过去与现在的结合。解读者要掌握其中所有的细枝末节，解读时依据的标准一方面基于制定的解读规则，另一方面则基于经验。

我们需要观察什么

当儿童在涂鸦和绘画时，他们会传递出很多信息，这些信息不仅包括涂鸦和绘画内容本身，还包括儿童操作的方式。因此，我们会观察到儿童如何握笔、从哪里开始画、在纸上留下什么样的线条和用多大的力度、画面在纸张上所占的空间大小、涂鸦和绘画的形状……

握姿

我们需要评估作画者的握姿是放松的还是紧张的，放松的握姿（见图 1-2）表现的是自由而放松的动作，而紧张的握姿（见图 1-3）表现的则是因紧张导致的肌肉收缩。当儿童无法通过言语表达自己的恐惧情绪时，就会通过第二种情形表现出来。

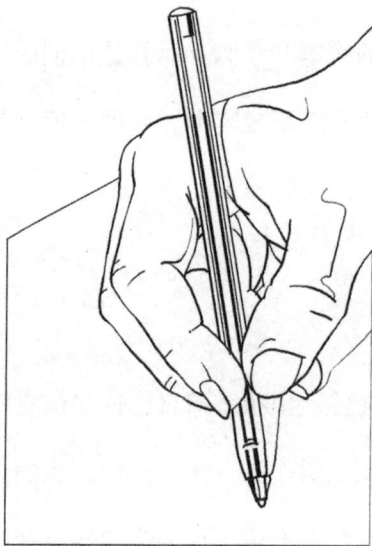

图 1-2　放松的握姿　　　　图 1-3　紧张的握姿

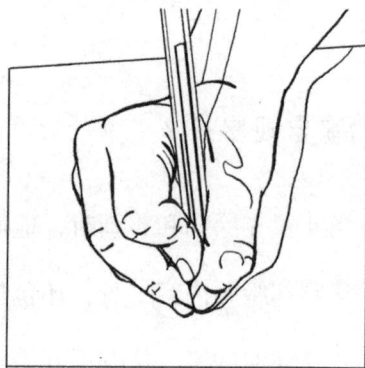

空间

　　在纸上书写时我们一般会遵循空间符号的规则，在这个空间中，"我"位于中心，也就是落笔的位置，在此周围都是与"我"相关的地点和活动的象征：左侧是过去，那是我们的历史；右侧是未来，是希望与目标。

起点

通常，儿童会从纸的中心开始画（见图 1-4 和图 1-5），这与他们完全以自我为中心的方式感知自己在世界中的方式一致，重要的是，这能够满足他们引起所有人关注的愿望。

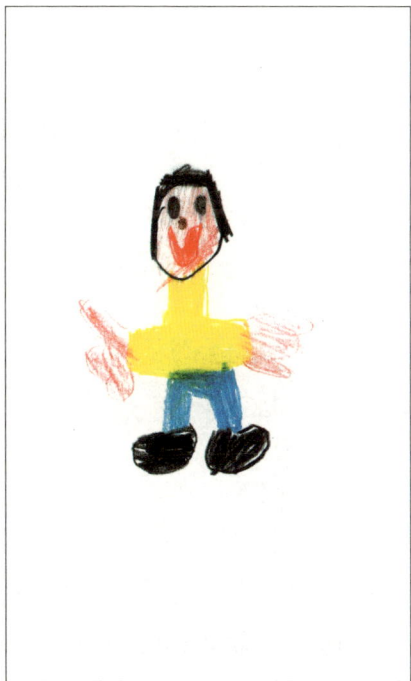

图 1-4　居中的图画 a　　　　　图 1-5　居中的图画 b

线条

　　线条能够表现出作画者是充满自信还是犹豫不决。如果图画中的线条充满自信（见图1-6），则表明儿童内心充满安全感和自信，因为他们已经具备自控的能力。如果线条犹豫不决（见图1-7），则需要我们给予儿童安抚和鼓励，尤其是当他们面临考验的时候。

图 1-6　充满自信的线条　　　　图 1-7　犹豫不决的线条

力度

这个信号非常重要，它能够表现出儿童的气质和心理生理结构。它还能够表现出儿童的活力、耐力和体力状况，因此也能表现出他们的性格。用刚劲有力的动作涂鸦和绘画的儿童（见图 1-8），表明他们精力旺盛、冲动、热情和对运动的需要，如果约束他们反而会适得其反，即助长他们的强势性格。

而动作柔弱的儿童将笔尖轻轻地按压在纸上（见图 1-9），这表明其个性很敏感，抗挫折的能力较弱，因此很小的事就会伤害或压制他们。

图 1-8　有力的动作　　　　图 1-9　柔弱的动作

形状

在儿童的涂鸦和绘画中，圆圈、角度、虚线和点都是其置身于世界、感知自我和拓展自我的方式的展现。

圆圈代表适应性强，角度代表紧张，虚线代表困境，非常用力的点代表情绪失控。

通常，圆形（包括在书写中）表明的是平静、和谐的情感状态，而棱角分明或支离破碎的形状表明的则是谨慎、忸怩的状态。涂鸦和绘画中的每一个棱角都意味着紧张和反抗，这是儿童保护"自我"免受假想或现实威胁的方式。这也表现出一种对自主的渴望，即对来自成年人的干涉的排斥。通常这类儿童感觉自己被过度保护或被控制，因此可能会表现出恐惧情绪。

擦除

擦除通常与低自尊有关（见图 1-10），儿童在涂鸦和绘画过程中经常擦除，表明他们对自己的能力缺乏信心。擦除必须具备两个特征：强迫性地反复擦除和用力涂改。

图 1-10　擦除的示例

第二章

心理类型与恐惧情绪

心理特征

基于类型学的心理学理论早已过时，至少在诊断目的方面已被抛弃。但是作为一种认知工具，这些理论仍然有一定的价值，因为它们能使我们更好或更快地了解情况。

在本书的案例中，我们并未涉及特定的、统一的心理学理论，我们只是想勾勒出一些特征，以便于读者通过这些特征辨别儿童的行为方式。

谨慎使用

"心理类型学"的局限性及我们给父母和教育工作者提出的建议，恰恰与这样的事实相关：我们不能在规则中固执己见，也不能将每一个定义都视为绝对，我们必须始终给对儿童的判断和个人观察留出空间。

通过密切关注、运用所学的知识和深入调查，我们可以确定可能存在的问题。这就是为什么父母必须是真正的"艺术家"，他们知道如何用恰当的技巧完成画作，知道如何将颜色进行分类和混合，知道如何实现和谐的构图。实际上，每个孩子都是一件独一无二的、不可复制的艺术品。

因此，我们所探究的这些心理类型能够帮助我们更好地了解儿童的内心世界。在每一种类型中，我们都考虑了与儿童行为相关的几个方面，尤其是他们如何通过画笔和色彩将自己的内心世界投射在纸上。

我们在涂鸦和绘画中观察什么

我们在涂鸦和绘画中要学会认识线条，也就是儿童在纸上描画线和轮廓的方式，我们能从中看出他们的动作稳定性和手部力量，他们通过这种方式将自己的安全感或不安全感投射在纸上。

涂鸦和绘画占用纸张空间的情况表明，在有或没有约束的情况下，儿童在其周围环境中的活动空间。

颜色的选择则表明了儿童对生活的感觉，即他们的心情是愉悦的还是气馁的。

自由绘画是儿童自己发明和创造出来的一种涂鸦和绘画方式，代表了儿童的想象力和创造力。

人物形象绘画是一项真实的测试，它能够记录儿童情绪 - 情感的成熟程度，即儿童对自我的感知。因此，我们可以通过人物形象绘画探索儿童的情绪稳定性：对自我有正确感知的儿童画出的人物形象大小合理，而内心脆弱的儿童画出的人物形象矮小、瘦弱，对自我有过高评估的儿童画出的人物形象则更加高大。

卡尔·科赫（Karl Koch）开发的"树木测试"是对人物形象和"自我"结构的一种象征性投射。树根是滋养植物的基质，可以从中识别出母体基质；树干是被树根滋养的"自我"；树干又将吸收的能量传递给树冠，表达的是作画者融入外部世界的能力。

易激动

行为表现

易激动的儿童脾气暴躁、情绪不稳定、注意力不集中，急于将事情尽快做完。他们做事的方式没有一定的规则，经常虎头蛇尾，因此他们需要在一个坚定但不强制的成年人的帮助下了解和懂得做事的规则。

恐惧情绪

在这类儿童中，常见的恐惧情绪是害怕巫婆，害怕长大得太快或太慢，害怕血。

线条

涂鸦和绘画中的线条如同这类儿童的行为举止，是不规则的、不连续的，但很活泼。

占用纸张空间

这类儿童的涂鸦和绘画在纸张上占用的空间经常被认为是不正常的，他们没有表现出对某一部分的偏爱，而是毫无规律地占据整张纸。

颜色

在涂鸦和绘画时，这类儿童喜欢用鲜艳的颜色，经常把对比鲜明的颜色和互补色结合在一起，如红色和绿色。

自由绘画

这类儿童在画人物时喜欢用漫画风格，涂鸦和绘画的内容给人一种异想天开的感觉。通常，涂鸦和绘画中有趣、搞笑的部分占据主导。

人物形象

通常，这类儿童所画的人物形象很大，但都很瘦，生动的眼神、大笑的嘴巴、有很多头发，但经常没有脖子（见图 2-1）；双臂举高，简略地画出双手；双脚有时朝向右侧，没有特别重要的细节。

图 2-1　生动的眼神、大笑的嘴巴、没有脖子的人物形象

树木

长长的树枝上挂满了果实，通常树木的主干上有很多小树枝（见图 2-2）。

图 2-2　长长的树枝上挂满了果实

实用建议

对待此类儿童的方法绝对不能粗暴生硬，但也不能过于温柔和服从，因为他们需要的是牢靠、让他们放心的"榜样"，这样才能避免让他们产生不安全感，进而引发并助长他们的恐惧情绪。父母需要让这类儿童明白，对他们而言，父母传递给他们的平静是能让他们交到新朋友的一个重要优势。

多愁善感

行为表现

这类儿童受情绪支配，而情绪会影响他们的行为。因此，他们在表达情感时可能显得有些克制、害怕，并且说话时犹豫不决。他们还有一丝不苟和完美主义的倾向，有时为了降低内心的压力水平，他们可能会表现出强迫行为。

恐惧情绪

这类儿童最常见的恐惧情绪是害怕攻击性，害怕弄脏，害怕身体接触，害怕锋利的物体，害怕理发。

线条

涂鸦和绘画中的线条细腻、微妙和犹豫不决，经常出现虚线，这也证实了涂鸦和绘画中的图形直接反映了作画者的行为举止。

占用纸张空间

这类儿童在涂鸦和绘画时占用纸张空间很小，物体和人物似乎"挂"在纸的边缘。

颜色

他们更喜欢使用冷色和暗色，对紫色有一定的偏好。

自由绘画

他们经常会画细节精美的房子，这表明他们需要亲密感和保护。有时他们也画可怕的、暴力的或逼真的场景。

人物形象

人物形象的大小不一，有时仅画出人物的头部（见图 2-3）；嘴巴画得很简单，脖子则有不同的长度和形状；经常画有腰带，上肢贴近身体，下肢呈金字塔状张开，如同在寻求更好的稳定性。

图 2-3 仅有头部的人物形象

树木

在画树木时，他们经常会画上鸟巢，很少画开放的花朵，有时会画断裂的树枝；树干上有"疤痕"，表示伤口还未完全愈合（见图 2-4）。有时他们也会画一棵杉树或柏树。

实用建议

针对此类儿童，父母和教育工作者应当避免说教式的、强硬的态度，不要表现得"咄咄逼人"，因为他们对自己的要求已经很严苛了；而是要增强他们的自尊心，放宽对他们的要求，至少在幼儿时期满足他们对身体接触的需求（如爱抚、拥抱）。

图 2-4　断裂的树枝和少有花朵的树

胆怯

行为表现

这类儿童总是非常关注别人的看法，因为他人的每一次批评都会使他们的自尊心水平下降和打击他们的自信心。他们担心自己会犯错，因此也很容易犯错，尤其在上学期间。这类儿童自尊的建立不仅来自成年人的认可，还来自同伴的肯定。当感到不适时，胆怯会让他们求助于幻想，在"白日梦"中逃避眼前的困难。

恐惧情绪

这类儿童最常见的恐惧情绪是害怕被抛弃，害怕犯错，害怕独立自主，害怕失去父母的爱，害怕水，害怕动物，害怕恐惧本身。

线条

在涂鸦和绘画中，这类儿童所画的线条是不确定的、犹豫的、非延展的。他们担心把纸弄脏，这使他们在涂鸦和绘画时所用的力度较小。

占用纸张空间

他们经常最小化地占用纸张空间，尤其是在纸的左侧。

颜色

他们的涂鸦和绘画没有颜色，或者在涂色时小心翼翼，颜色从来不会涂在线条外面。

自由绘画

这类儿童在涂鸦和绘画时十分注重画面的细节，图画内容会包括完全不同的场景，但不会碰触自己禁忌的主题。

人物形象

通常他们所画的人物形象很小，并且不是竖着立在画面中，而是向右或向左倾斜，如同悬浮在空中（见图 2-5）。人物的手部有奇特的手指或没有手指。

图 2-5 悬浮在空中的人物形象

树木

所画树干纤细、单薄（见图 2-6），向着封闭的树冠方向延伸。

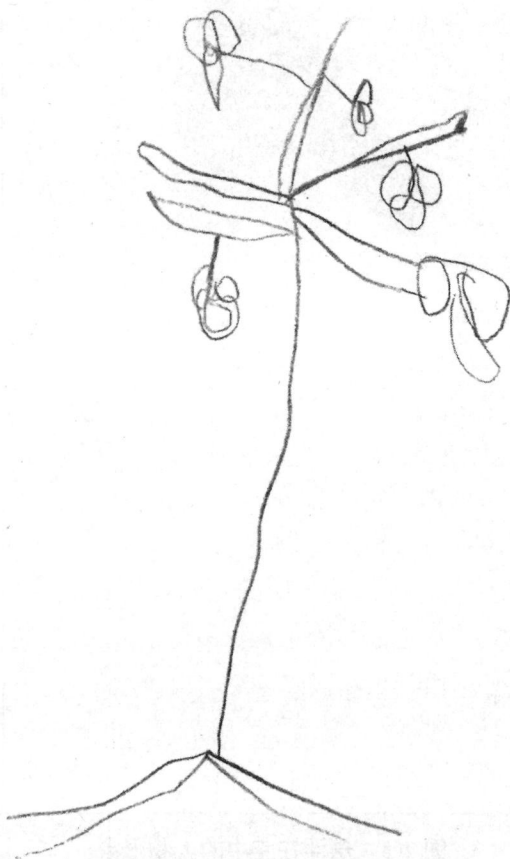

图 2-6 纤细、单薄的树干

实用建议

　　首先，父母和教育工作者要增强他们的自尊心和自信心。不要将他们视为脆弱的，这会徒增他们的不安全感，也是恐惧情绪的根源，并导致他们难以独立自主。如果儿童使用能给予自己安慰的物品（如毛绒玩具、小毯子）帮助自己渡过某些困难时期，如晚上睡觉的时候，不要阻止他们，因为这可以减轻他们的恐惧情绪。

戏剧性

行为表现

这类儿童经常表现出一些怪异行为，无论是在暴露的意义上，还是在退缩和孤立等极端形式上（正如我们所说的"戏剧性"），在这两种情况中，他们都倾向于引起所有人的注意。

恐惧情绪

这类儿童最常见的恐惧情绪是害怕被绑架，害怕疾病和死亡，害怕怪物和幽灵，害怕灾难。

线条

此类儿童涂鸦和绘画中的线条是犹豫不决的、不确定的，或者完全相反，完美的、精心绘制的。这类儿童总是有寻求怪异的倾向，他们的涂鸦和绘画也是如此。

占用纸张空间

所画内容通常占据纸张的中心位置，随后进行离心式的填充。

颜色

毫无疑问，涂鸦和绘画中的颜色鲜艳且对比鲜明，以至于显得不真实，即与所画之物的真实颜色不符。

自由绘画

在这类儿童的涂鸦和绘画中，怪异性占据主导，如远离水面的船和悬在空中的房子。他们有时不画细节，有时则相反，所画细节丰富，如眼睛、首饰、脸上的痣等。

人物形象

通常人物形象很大且居中，有着"沉重的"大脑袋，嘴巴和牙齿都非常明显（见图 2-7），充斥着很多细节。与头相比，身体各处的细节较少：手臂很短，手很小，脚部缺失或画得不好。

图 2-7　脑袋大且牙齿明显的人物形象

树木

　　树经常悬在空中，没有树根（见图 2-8）。特别是年幼的儿童，他们所画的树更简单，很少有细节或者画成男性生殖器的形状。

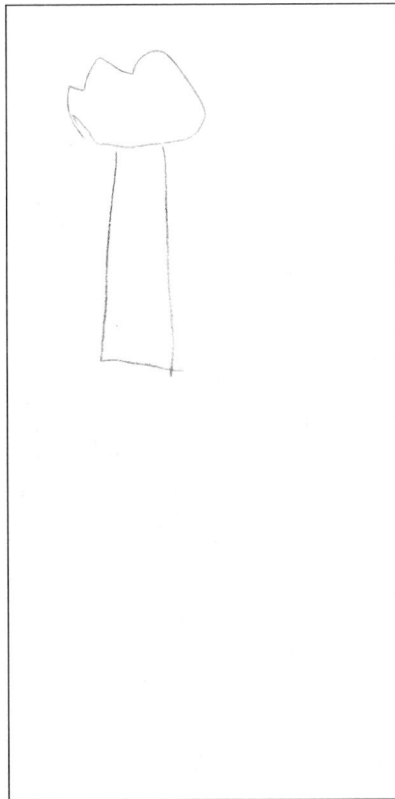

图 2-8　悬浮在空中和没有树根的树

实用建议

为了更好地完成他们的"戏剧表演",父母和教育工作者可以引导他们参加一些活动,如哑剧、表演,抑或是让他们加入艺术工作坊,在那里他们能够表达自己的独创性并获得满意的结果。这也有利于他们在学校的表现,因为他们的攻击性和过于热情的行为会有所减少,但这并不会削弱他们的才能。

暴躁易怒

行为表现

这类儿童的行为特征是易怒，极小的刺激都能激怒他们，他们拥有某种难以控制的攻击性，甚至是破坏性。在活动中，他们永远停不下来，经常分心。如果有很多事情要做，他们会没有耐心，做事虎头蛇尾。

恐惧情绪

这类儿童最常见的恐惧情绪是害怕巫婆，害怕搬家，害怕自己是坏孩子，害怕血，害怕雷雨。

线条

此类儿童所画线条通常很轻，但有突然加重的特点，有时会出现拥挤、堆积的线条，这都表明手部在做精细动作时过于紧张。

占用纸张空间

无特殊特征。

颜色

颜色混杂，经常将不同颜色混合在一起，有时无法辨认出具体的颜色。

自由绘画

倾向于把整张纸画满复杂的故事，随后将所画内容用言语表述出来，但不会表述具体的细节。

人物形象

人物形象通常很矮小，头部也很小。没有上肢和下肢，或者用线条代替（见图 2-9）。有时，人物在纸上向右或向左倾斜。用十字当作手臂，草草地画出手或没有手。

图 2-9 四肢被简化的人物形象

树木

树只有基本的形状，通常没有点缀或细节，如花、果实、蝴蝶、鸟等（见图 2-10）。

图 2-10　只有基本的形状且没有点缀的树

实用建议

　　不要给这类儿童不必要的刺激，也不要对他们说"狠话"。例如，"哦，你太敏感了，什么事都不能告诉你""你太爱生气了"。这些话不仅无法平息他们的焦虑，反而向他们暗示了无意识的恐惧情绪，这只会增加他们内心的紧张感，使他们更加暴躁易怒。

压抑的焦虑

行为表现

此类儿童在涂鸦和绘画时下笔困难，显得笨拙且不协调，所画内容倾向于占据较少的纸张空间。他们经常坐在椅子的边缘，手和身体的动作幅度限制在最低程度。有时他们会做出一些奇怪的姿势，手臂或腿部缠在一起。这些行为举止是为了掩盖他们的害羞和害怕被成年人嘲笑。

恐惧情绪

这类儿童最常见的恐惧情绪是害怕弄脏，害怕身体接触，害怕攻击性，害怕有络腮胡子的男性，害怕长大得太快。

线条

线条很轻、犹豫不决、纤细或呈点状，带有轻微的阴影。

占用纸张空间

占用纸张空间很小，尤其是涂鸦时，纸几乎都没有被使用过。在写字时，字体的大小和用力程度都很小。

颜色

色彩淡薄，对黄色和蓝色等有所偏爱。

自由绘画

在这类儿童的涂鸦和绘画中，很容易找到代表"自我保护"的元素，如山、围栏、彩虹、拱门、边框或边界清晰的空间。

人物形象

人物形象经常被"魔法圈"或边框保护起来（见图 2-11），并以他们所感知到的形式画出来，即人物很小，色彩淡薄，似乎刚刚被画在纸上。

图 2-11 被边框保护起来的人物形象

树木

通常树干很小且被涂成黑色，树冠是封闭的，树根稀少或没有树根（见图 2-12 ）。

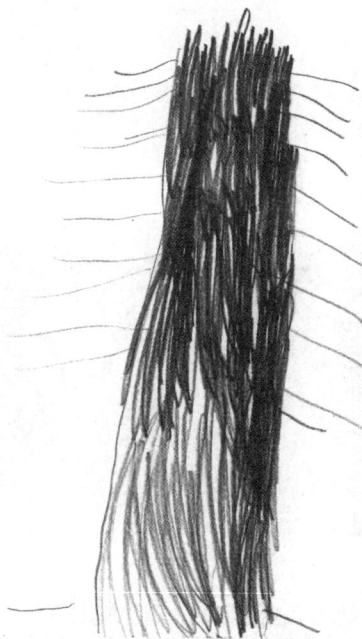

图 2-12   没有树根且树干被涂成黑色的树

实用建议

父母和教育工作者需要帮助这类儿童从"保护壳"中走出来，让他们慢慢地体验现实生活，包括其中残酷的一面。将儿童置于"保护壳"之下以避免他们产生焦虑，这只会导致他们更加压抑和悲伤，尤其会降低他们的自尊水平。

凌乱的焦虑

行为表现

通常，这类儿童有很多兴趣和爱好，如热爱大自然、喜欢运动、喜欢宠物及收集各种各样的东西。然而过不了多久，他们的兴趣就会减弱，成年人对他们的这种突然的变化感到无所适从。实际上他们这样做是为了掩饰内心的不安，比如因父母过于担心自己的学习引发的不安。

恐惧情绪

这类儿童最常见的恐惧情绪是害怕上学，害怕搬家，害怕违抗。

线条

线条有力且明显，甚至在画纸下面的纸张上留下痕迹。形状杂乱，所写文字由大变小。这类儿童的日记和笔记本的页面非常凌乱或带有折痕，有涂改和墨水渍。

占用纸张空间

杂乱无章，人物被混乱地堆在纸上，完全没有透视感。

颜色

在使用颜色时过于冲动、不仔细，因此整个画面不是很整洁，看起来没有美感。

自由绘画

与其说是一幅"自由"的画，不如说是一幅"凌乱"的画，如果没有作画者的充分解释，我们很难分辨画中的人物和解读画中的场景。

在这类儿童的日记本或笔记本上，经常出现一些重复的形状，如心形、人脸、花朵，甚至是武器、飞机、战舰、坦克等。

人物形象

可能是由于缺乏绘画技巧，人物形象通常没有被仔细地刻画，几乎被草草地丢在纸上（见图 2-13），只是简单地勾勒出细节。此类儿童经常拒绝给涂鸦和绘画涂上颜色，所画人物的双腿又细又长，没有脚，这表明他们正在经历渴望成长与随之而来的焦虑之间的冲突。

树木

树干细长，没有刻画树冠，或者树冠是光秃的。树干上的条纹代表在过去遭受的伤害留下的疤痕（见图 2-14）。

图 2-13 潦草的人物形象　　图 2-14 树干上带有条纹的树

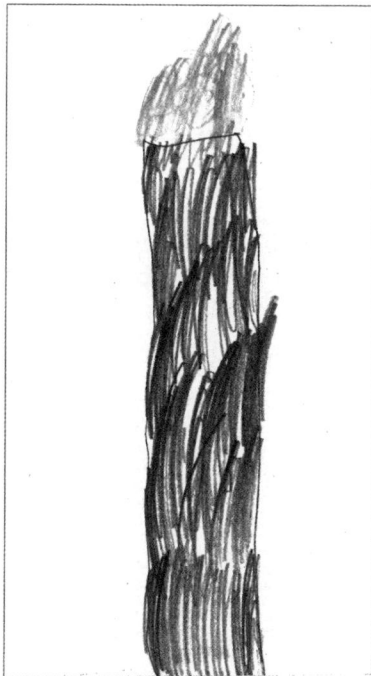

实用建议

从婴幼儿时期就开始的严苛的教育并不能帮助儿童学会遵守秩序和规则。一个过于担心不能满足父母期望的儿童，其任何不当表现都会引发恐惧情绪，因为他们试图在违背规则的情况下寻找补救方法。这会导致他们在满足父母的要求和与规则对抗之间形成恶性循环，并由此引发一些过激行为，同时也会损害他们的某些心理功能，如注意力、专注力。

冲动的焦虑

行为表现

这类儿童的焦虑从技术角度被定义为"提前发生的焦虑"，因为他们无法忍受等待任何事情。当等待结束时，他们看似平静了下来，有时甚至是过于平静，但随后又快速进入下一个紧张状态。

恐惧情绪

这类儿童最常见的恐惧情绪是害怕昆虫，害怕考试，害怕医生，害怕高空，害怕怪物和幽灵。

线条

快速地涂画，甚至有些不耐烦、不协调。只是勾勒出人物形象的轮廓，没有刻画细节，像一幅还没画完的草稿。

占用纸张空间

无特殊特征。

颜色

颜色鲜艳且浓烈，但这并不意味着攻击性或欺凌，而是典型的兴奋和浮躁导致他们不够细心和易冲动。

自由绘画

此类儿童所画的房子通常是不完整的，可能会缺少烟囱、窗户或门。这些描画通常是近似完成，但从未完成或不完整。

人物形象

涂鸦和绘画中的人物形象经常身穿制服（见图 2-15），对于儿童来说，服装和一些配件比人物形象更重要。人物的双腿被很好地刻画出来。

图 2-15 身穿制服的人物形象

树木

在画树时，树根通常被画成手的形状（见图 2-16）。

图 2-16 像手一样的树根

实用建议

父母和教育工作者需要确定这类儿童冲动背后的动机，这种冲动表现为攻击性和粗暴的行为，通常这些行为都很笨拙。他们这么做的原因可能是小弟弟、小妹妹出生，或者刚刚有过去医院看病的经历。父母要做的是设法让这类孩子开心起来，安抚他们，要让他们感受到坚定的情感，而不是对他们讲道理。不能对这类儿童说"狠话"，如"你是个坏孩子""你太讨厌了，真让人受不了""你看看你哥哥多棒""你比所有人都讨人嫌"。

无兴趣

行为表现

儿童的"懒惰"掩饰了他们无法胜任某项任务、无法满足父母的要求或无法像"别人家的孩子"那样的恐惧情绪。例如，他们在学校里表现出冷漠和不以为然，这可能是因为他们不自信，这种不自信是努力之后仍然失败导致的。他们做任何事都无精打采，他们的整个身体给人的感觉也总是松松垮垮的。

恐惧情绪

这类儿童最常见的恐惧情绪是害怕被收养，害怕长大得太快，害怕水。

线条

线条柔弱、不连贯、笨拙且犹豫不决，这并不是因为他们不会画画，而是他们倾向于表现出最低的限度，尤其是使用最小的力度。如

果受到鼓励，这类儿童会表现出自己全部的能力，画出准确、协调的
线条。

占用纸张空间

占用纸张空间尽可能的小。

颜色

通常是暗淡的冷色，对蓝色和深蓝色有所偏爱，这两种颜色都是
不透明的。

自由绘画

在画面中经常出现山脉、栏杆、栅栏、直立的墙，以保护他们内
心的平静与安宁。从这方面来讲，他们经常画扶手椅、沙发或床，可
以凭空想象自己躺在上面。

人物形象

通常人物形象很幼稚，头部很小，脖子很短或没有脖子，躯干很

宽，显得很粗壮。上肢和下肢很僵硬，整个人物如同机器人一般，由稍显刻板的几何形状构成（见图 2-17）。

图 2-17 "几何形"人物形象

树木

通常树有粗壮的树干，树干的底部很宽，有封闭式的树冠，树上没有果实和花朵。有时果实通过梯子来强调（见图 2-18）。

图 2-18　树干底部宽大和树干上靠有梯子的树

实用建议

我们要始终记住儿童天生的脾气和秉性，他们可能需要更慢的节奏来充分发挥自己的潜力。因此我们不能给他们贴上诸如"懒惰"这样的标签，也不应对其施加过多的压力，因为他们的天性无法承受这些压力。有时，成年人过度的要求会导致儿童很焦虑，这种焦虑又会通过儿童的"无所作为"来过度补偿。成年人要懂得尊重儿童的成长节奏，可能需要很长时间才能获得想要的结果。

至关重要的是，在与儿童交流时，使用一种能让他们表达自己内心感受的方式来改变他们的情感和情绪世界：让他们感受到温暖和被理解。强硬或苛刻的交流方式只会让他们更加冷漠，进而引发他们的嫉妒心理和攻击性行为。

第三章

从出生至 12 岁的恐惧情绪

影响恐惧情绪解读的因素

为了能够正确解读与恐惧情绪有关的信号，我们有必要先了解一下儿童的一些特定特征，如年龄、心理类型或心理结构、家庭环境，同时还要考虑一些心理规律。

年龄

不同年龄的儿童对情绪的感知、处理和反应方式表现出不同的特点。对于一种紧张的情绪，如被激怒，幼儿的反应是对激怒他的人做出同样的行为，而年龄稍大一点的儿童会通过言语（如辱骂）做出回应，青少年的反应则更具有攻击性和更激烈。

因此，在面对恐惧情绪时，幼儿会做出冲动性的反应，年龄稍大一点的儿童的反应则是粗鲁的言语或过多的理性解释。

心理类型或心理结构

关于这部分内容请参阅本书第二章"心理类型与恐惧情绪"。

家庭环境

在可能影响儿童的情绪反应的因素中，我们必须首先考虑家庭环境的平静和安宁程度。当儿童处于令其紧张的场景时（出现这种场景的原因如父母分居、弟弟或妹妹出生、家庭成员生病），可能会引发他们新的恐惧情绪或加重其原有的恐惧情绪。面对一个极为敏感的孩子，父母需要关注自己传递出的所有信息，尤其是那些非言语信息，因为在这些情况下孩子的"自我"更加脆弱，恐惧情绪也更容易被激发或加剧。

心理规律

有一些标准可以让我们尽早掌握儿童恐惧情绪的迹象，这些迹象可能尚未明显地表现出来，但已经影响了儿童的和谐成长。其中，我们要指出以下几点。

—儿童所遭遇的任何问题都会投射在画纸上。因此，当我们把画笔、纸和颜料放在他们手中时，就是为他们提供了一个表达恐惧情绪的机会。

—当涂鸦和绘画表明儿童被多个问题困扰时，我们始终要记住，较大的困扰可以抵消较小的困扰。例如，涂鸦和绘画中有突出面部特征的人物（如牙齿、红色的头发、大眼睛），那么我们首先应关注的是儿童具有攻击性，即使这个人物没有脚表明儿童没有安全感。

—儿童在涂鸦和绘画过程中无意识地犯下的错误。例如，缺少细节（如画中的人物没有手）是内疚感的明显信号，这能够掩饰儿童的恐惧情绪。至关重要的是，无论是父母还是教育工作者，都不要强迫儿童修改或填补这些"遗漏"，否则涂鸦和绘画的真正含义将会被改变。

—当儿童表现出明显的不适或恐惧时，他们的涂鸦和绘画将会包含更多这方面的信息。例如，在画人物时，一个极度压抑的儿童不仅把人物画得很小，还会使用淡薄的颜色，并且从不缺少黑色，还会"忘记"画那些能够传达很多信息的细节。

出生至 18 个月

情绪

在这个年龄阶段，我们要对孩子的真实情感（通常是由生理需求引发的）和任性发脾气进行区分。实际上，成年人很容易被婴幼儿的微笑、眼泪和哭泣打动，并且通常会错误地解读这些信息。例如，孩子被一件微不足道的小事吓到，但其哭泣的强度和事情的严重程度却不成比例。到孩子 6 个月左右时，他们对环境的适应能力慢慢提高，这种情况就会有所改善。然而，笑和哭之间短暂地更替还是有可能的，这是孩子在与父母交流自己的想法和状态。

伴随着孩子的月龄越来越大，恐惧情绪就变成一种越来越个性化的感受。

反应

从本质上讲，婴幼儿的反应是一种本能，与其生理和基本需求有关，无关周围发生的事情。婴幼儿的反应对他们的均衡发育非常重要，因此父母应仔细观察婴幼儿的反应。

社会化

婴幼儿与人的接触及其对广义世界的感知发展得十分迅速。有时，他们的反应和行为举止从讨人喜欢到难以相处，这一转变令成年人感到沮丧。人际关系对婴幼儿而言是首要的，这与纯粹的自卫本能有关，但仅限于接纳母亲。只有到生命的第二年，他们才接纳父亲，并逐渐接纳其他人。

恐惧情绪

在这个年龄阶段，婴幼儿的恐惧情绪与他们的个人经历无关，而是他们本能地、"无意识"地感受到的恐惧情绪。刺耳的噪声会让他们的哭声瞬间爆发，这表明他们的神经系统受到了刺激。因此，突然的噪声（如物体掉落、电钻的声音、震耳欲聋的钟声、打雷）是引发婴幼儿恐惧情绪的最常见的原因。就像当妈妈不在面前时，孩子害怕妈妈丢了，因为妈妈是他们钟爱的对象。

涂鸦和绘画

尽管现在有些儿童发育较早，但在这个年龄阶段，我们只能观察到他们初次握笔的情形及在纸上、地上或房间的墙上留下的笔迹。这仅仅是尚未成形的动作，但这些动作中已经包含了具有一定表征的痕迹，随着时间的推移，这些痕迹就会展现出儿童的结构和个性特征。在分析儿童的涂鸦和绘画时，我们应着重观察三个方面的内容：占用纸张空间、所用的力度和主要形状。

占用纸张空间

首先，我们应该以不带有任何偏见的方式让孩子参与到创造性的冲动中，这种冲动能促使孩子拿起笔在纸上"胡乱"地涂写。他们以这种方式探索周围的空间并进行测量。这是他们的第一幅涂鸦和绘画作品，有曲线、直线、角度、横线、虚线……

他们没有任何动机地在纸上移动着笔，笔尖在纸上涂抹，犹如在纸上跳舞。伴随着他们的涂写，随之显现出来的是他们的气质、情感及他们能够完成的动作、保持的节奏和他们的生命力。

孩子手中的笔执行着来自大脑的精确命令，他们内心正在发生的一切都尽收我们眼底。生命的强烈冲动都体现在图形上———一种自由的、生动的、普遍的姿态。

他们在涂鸦和绘画时占用的纸张空间经常超过了纸张的边缘，或者完全相反，只能隐约看出涂画的痕迹；笔尖在纸上旋转，动作向上，或者在纸的最下方戛然而止。

当孩子用画圆的动作将整张纸填满时（见图 3-1），这表明他们的气质是外向的，即一种让他们能够在自己之外的环境中感受良好的天性。

图 3-1　用圆圈填满整张纸的涂鸦

由于探索的天性，他们需要更大的空间和在动态的游戏中释放自己的能量，在他们周围需要有许多不同的事物。快乐、开朗、慷慨和善于交际的性格使他们人见人爱，同时他们也迫切寻求认可、肯定、呵护和微笑。这类儿童投射到外在的表现就是他们想要有很多朋友。他们的活力激励并将他们置于不停的活动中。拥有这种天性的婴幼儿不应该总是与父母待在一起，他们还需要与同龄人相处。

通过婴幼儿的这一性格特征，我们不仅能了解他们的情况，而且还能更好地教育他们，帮助他们面对家庭内外的其他人和事。因此，我们必须给予他们足够的空间，让释放自己的活力；否则可能会引发他们内心的忧郁，或者在情感上刺激他们，迫使他们不断地甚至疯狂地活动："你永远闲不住！"

用带有角度、棱角的线条和克制的动作涂鸦的儿童具有内向的性格（见图3-2）。

图 3-2　带有角度或棱角的涂鸦

　　这种性格使他们需要有限的、安全的和受到保护的空间。他们将自己所有的精力投入游戏的构建中，即使与世隔绝，他们也感到很满足。尽管他们有很多兴趣，但不希望周围有很多人。

　　他们不喜欢吵闹，如果把他们"扔到人群里"就大错特错了；相反，我们必须尊重他们内向的性格。

我们不应把内向与悲伤、忧郁、封闭或沟通障碍相混淆：内向的根本原因是羞怯，这是儿童"天生"的特殊敏感性，而不是源于错误的教育。

所用的力度

如果儿童在涂鸦和绘画时十分用力，这展现了他们的生命力、面对现实生活的态度及其内心的安全感，用力的姿势向我们传达出儿童的耐力和适应环境的能力（见图 3-3）。这种强大的精神物理能量使他

图 3-3　用力姿势的涂鸦

们十分活跃并充满活力，因此他们停不下来，需要在游戏中释放这种活力。如果抑制他们的活动，他们的活力就有转化为攻击性和愤怒的风险，他们会攻击周围的物体、动物或其他孩子。

轻柔的涂鸦和绘画姿势则表明儿童的个性很敏感（见图 3-4），因此这个年龄阶段的儿童已经可以表现出以害羞和抑制为特征的行为。这类儿童很容易疲劳，需要多休息和较少的刺激。

图 3-4 轻柔姿势的涂鸦

成年人应该限制此类儿童的活动，不要强迫他们去应对那些对他们的性格而言过于繁重的事情。他们的情感细腻，很难与环境直接接触。在人际关系中，他们无法应对敌对的情况；在面对同伴的攻击时，他们很容易自我封闭。因此，他们丰富的想象力、细腻的情感和对满足感的需求必须得到父母和教育工作者的重视。

主要形状

圆圈代表亲切，这是儿童投射出的第一个他们已知的形状——脸。不久之后，他们会再画上眼睛、鼻子等，圆圈也不再那么抽象，而是具有更多象征性的意义。圆圈代表适应，因此不论是父母还是教育工作者，都应该从这种几何形状中捕捉到儿童拥有与他人融洽相处的能力。

用曲线涂鸦和绘画的儿童不仅具有开放和热情的天性，他们还很乐观和渴望成长。圆形轨迹代表了和谐（见图 3-5），没有张力，这类涂鸦和绘画基本由松弛的动作完成。涂鸦可以反映出每个儿童在熟悉的环境中抓握、涂抹和活动的需求。纸张是儿童将要进入其中活动的空间的象征，他们会对它越来越熟悉。因此，能够轻松涂鸦和绘画的儿童拥有善于交际、适应能力强、快乐、有安全感和乐于助人的性格。

图 3-5　圆形的涂鸦

　　带有角度的形状代表了紧张和抵抗（见图 3-6），表明儿童需要不受约束的呵护。这代表某种能使人受伤的事物，并且是由多种因素导致的，这些因素包括儿童的天性尤为敏感或害羞、需要无时无刻被人照顾，或者难以适应新环境（如小弟弟或妹妹的出生）。对内向的儿童来说，这些情况尤为明显，但也被认为是正常的。重要的是我们要明白，他们想通过涂鸦和绘画表达某种恐惧情绪。

图 3-6   带有角度形状的涂鸦

通常，儿童很难表达自己内心的真实想法。当他们被要求承担一份重担或付出努力时，或者当他们觉得累了时，就会担心自己因无法达到父母的要求而失去他们的爱或感到不适。

一些不可避免的经历，如与母亲的短暂分离，可能会被儿童解读为母亲拒绝或不再爱他们了。在这种情况下，儿童通过充满愤怒的图形传达他们想要表达的信息。这表明他们内心躁动不安，同时也可能意味着他们在为获得自主而进行斗争。儿童感觉自己脱离了家庭这个安全且令其愉悦的环境，在遭受痛苦和寻求帮助的同时，他们仍然要面对成长。重要的是，我们要理解他们是通过涂鸦和绘画寻求支持、肯定、认可、温柔和理解的，因为他们是自己无法克服的恐惧情绪的受害者。

一些建议

避免在婴幼儿睡觉时猛推门，尽量降低广播和电视的音量，用温暖且亲切的声音与他们说话。

避免过度的亲吻，因为这会使他们感到"窒息"，还有很多其他方式可以表达我们对他们的爱。

不要让他们过于黏着父母，也不要他们一打喷嚏就感到焦虑；否则，将来他们很可能会成为一个脆弱且过度依赖的人。

18 个月至 3 岁

情绪

这个年龄阶段的儿童已经能够保持平衡和独立自主，并且好奇心很强，这让他们自发甚至带有一定骚扰性地探索这个世界和发生在他们身边的一切。

对于男孩来说，他们从未像现在这样痴迷于探索机械世界，而女孩则对美更感兴趣。如果仍然需要强调性别角色没有改变，现在就是个好机会：男孩通过武力征服，女孩通过诱惑吸引。

他们对父母有很强的占有欲，但这种占有欲非常温柔和亲切。

反应

这一年龄阶段的儿童很容易为一件看似微不足道的小事变得充满攻击性并做出强烈的反应，但攻击性更多是言语上而非身体上。实际上，他们会衡量自己的力量，因为他们害怕他人的反应会给自己带来更大的威胁和言语挑衅。

社会化

"自我"的感觉（即儿童对自己的感知）得到了加强，因此他们对环境的依赖性降低了。在情感上他们逐渐与家人脱离，并从团体中寻求一种更成熟的沟通及投入自己情感的方式，这样最初的友谊便应运而生了。当身边没小伙伴的时候，他们会用物品、动物或想象的人物代替假想的朋友。

恐惧情绪

对这个年龄阶段的儿童而言，恐惧情绪仍然与噪声、巨大或黑暗的事物联系在一起，如卡车、火车、公共汽车、魁梧的人……我们会发现，当儿童拉着我们去看火车或动物园里的狮子时，他们会紧紧地拽着我们的手，这是他们消除恐惧情绪的一种方式，也是我们绝对不能忽视和必须加以解读的信息。

这个年龄阶段的儿童总是害怕失去妈妈。

涂鸦和绘画

涂鸦和绘画开始遵循更加明确的规则，并根据儿童对涂鸦和绘画的理解呈现出更详细、更多样的形状。大约在儿童 3 岁时，他们的涂鸦会呈现出一些特殊的图形，这样他们的涂鸦会成为之后几年中真正典型的图形表达：绘画。

简单的涂鸦是儿童对图形的初级体验，在心理结构达到一定程度时，他们会自发地使用一种新的方式涂鸦，其中至少包括两种类型，即形状和图形，儿童将它们与口头的表述和评论联系起来，对此表示惊讶的通常是成年人，而非同龄人。这是一种复杂且结构化的交流，儿童能积极地参与其中：从象征性的意义来说，世界是可支配的，因为他们可以将世界限制在一张纸的范围内。他们在这张纸上表达自己的感受：愤怒、嫉妒、爱、激情和欲望。他们根据自己的喜好安排图画中的人物：排斥他们，放大他们，消灭他们，擦掉他们。

他们的无所不能感在涂鸦和绘画过程中得到了满足。如果母亲或父亲，最好是幼儿园的老师对他们的画作表示认可和赞赏，就会增强他们的安全感和自主性。

儿童对涂鸦和绘画的口头表述或评论，以及具有代表性的意图和形式的完善，是他们真正迈向成熟的绘画的重要一步。

在这个年龄阶段的儿童的涂鸦和绘画中，我们通常会观察到一些非常基本的表现形式，但其背后却隐藏着一个复杂的世界。如果儿童经常画棱角分明的线条、画面中全部是虚线或呈"线团"状（见图 3-7），这表明他们正经历特殊的恐惧情绪，需要进一步根据具体情况来解读。这是儿童向外部世界发出的不适感的信号，需要特别引起我们的注意。

图 3-7 "线团"状涂鸦

一些建议

我们绝不能低估这个年龄阶段的儿童表现出来的恐惧情绪，并且有必要了解其中的真实情况，以免这些恐惧情绪导致他们形成胆怯的性格，进而影响将来的学习和生活。

3至6岁

情绪

这是一个生着气说"不"却没有明显原因的年龄阶段。儿童不愿意一个人睡觉，总是希望父母中的一人陪伴自己。在睡醒后或当他们感觉自己处于一个安全的环境中时，他们就喜欢自夸并表现得像个"大孩子"一样。然而，当不得不面对外部世界时，就会引发他们的恐惧和焦虑，这让他们无法走出去面对其他人及可能会遇到的困难。

他们开始为自己的外表感到骄傲，因此我们需要增强他们的自尊心。

反应

这个年龄阶段儿童的攻击性越来越倾向于通过身体表现出来，如乱踢、挥拳、抓挠和咬，尤其是当受到嫉妒心驱使的时候。

这是一个可能存在不满情绪和矛盾行为的年龄阶段：儿童会通过言语或行为激怒成年人以表示反抗，但这只是他们测试自己的自主和自由能力的一种方式。

社会化

通常，这个年龄阶段的儿童会为自己的母亲感到骄傲，并且愿意与其他人谈论自己的母亲，但他们与父亲的关系更为亲密。只要给他们一点点自主权，他们就会感觉自己已经长大了，并且开始做一些力所能及的家务。

当和兄弟姐妹们在一起时，他们犹如哥哥、姐姐们的"小跟班"，但却对弟弟、妹妹们表现出敌对和嫉妒。

尽管他们仍然以自我为中心，但在游戏和团体活动中，他们开始与同龄人合作。

恐惧情绪

在这个年龄阶段的儿童中，最常见的恐惧情绪就是进入幼儿园后与家人的分离。小家伙们仍然有分离焦虑，即使母亲或令他们心安的人只是短暂地离开，他们也会感到很痛苦。尽管他们渴望自主，但仍然有很强的依赖性，需要安全感和保护。他们希望在开展外部探索时，至少能够确定有一个人能保护自己不会受到被幽灵包围的幻想世界的伤害。

然而，这并不是他们唯一的恐惧情绪，他们越来越固执地担心自己会失去亲人的爱，尤其在受到指责、惩罚和听到"狠话"后："如果你不好好表现，就会有坏人把你装进袋子里""你要是再不消停，我就把你绑起来""你是个爱撒谎的小孩儿，鼻子会变得越来越长""你要是不听话，妈妈和爸爸就不喜欢你了"。对成年人来说，这些话看似没有恶意，但对儿童的情感和安全感会产生很大的影响。

除此之外，还有那些"吓人"的故事：狼吃掉了小孩，食人魔把小孩放在锅里煮，小孩变成了孤儿或在森林里迷路了……这些都会在情绪上刺激儿童并使他们心神不宁。在儿童仍然有限的经历中，他们相信成年人给他们讲述的内容，并赋予人类和动物超自然的能力，然后他们就会对此产生恐惧。

此外，还需要注意的是，儿童的有些恐惧情绪是父母在无意识中传递给他们的。例如，母亲害怕一些事物，那么孩子就会模仿母亲的行为举止，因此孩子就会害怕雷雨、火、牙医、小偷……

焦虑的母亲应该对孩子的大部分恐惧情绪负有责任。母亲总是处于担心和忧虑中，担心孩子受伤、跌倒、做自己做不到的事情、割伤、刺痛、烧伤、吞下异物、生病……这不仅妨碍孩子的自然成长，还会导致他们产生过度的恐惧情绪和持续的危险感，并将这些一直带入他们的成年生活。儿童在年幼时积累的恐惧情绪越多，成年后他们的不安全感就会越多。除非在儿童每次出现恐惧情绪时，成年人都能用安抚和爱帮助他们克服恐惧情绪。

涂鸦和绘画

首先我们要明确的是，本书中作为案例呈现的涂鸦和绘画是基于其中所包含的"强烈信号"，这些信号不具有任何病理性，能够很好地代表所谓的"恐惧情绪的演化"，我们来看两个例子。

在图 3-8 这幅人物画中，过度的黑色和带晕影的头发表明作画者用攻击性行为表达自己内心的忧郁。

图 3-8 过度的黑色和带晕影的头发

图 3-9 表明作画者缺乏对自己身体形态的感知，在智力方面承受了很大的压力，这需要父母更多地关注儿童的身体，这样才能帮助他恢复和谐、平衡。

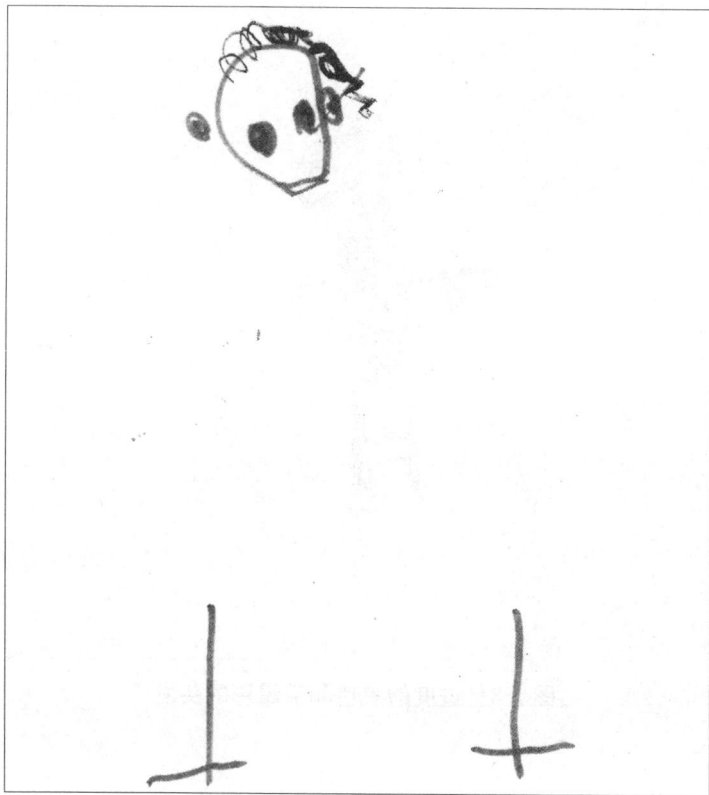

图 3-9　不完整的涂鸦

一些建议

父母和教育工作者最好不要对儿童有过多的要求，对他们的惩罚要适度且有一定的标准，尽量不要表现出惊慌和着急，尤其要经常向他们表达和保证对他们的爱。我们必须尊重他们的恐惧情绪，不要因此嘲笑或责骂他们，而是向他们提供帮助，尤其在接收到他们的请求的时候。

一些明显的征状，如尿床、吮吸拇指、结巴、自我封闭和内向的行为举止，传递出的信息是儿童缺乏安全感。幼儿恐惧情绪的增加通常会持续到 3 岁，随后开始减少，如果父母能够避免对儿童态度粗暴，那么这些恐惧情绪就会随着年龄的增长和更多安全感的获得自发地消除。

6至8岁

情绪

6岁左右的儿童能够感知到自己掌握了新的技能，他们为此感到骄傲并寻求成年人的称赞和认可。这是他们对情感支持的需求，并且能够增强他们的自我。如果缺乏情感方面的支持，就会导致他们变得敏感、没有安全感和具有攻击性。

这个年龄阶段的儿童倾向于嫉妒那些拥有比自己的东西还多的同龄人。他们开始脱离母亲，但对母亲的情绪和感受仍然非常敏感。在7岁左右时，他们开始与父亲亲近，希望自己的所作所为能够得到父亲的赞许，但他们也害怕父亲，因为对他们而言，父亲就是"权威"。

他们变得害羞、自卑且害怕被捉弄，不喜欢充满压力的环境。他们希望在学校里、餐桌上和游戏中都拥有自己的位置。他们的"魔法信仰"（如圣诞老人）开始崩溃。他们对批评和称赞都很敏感。8岁的儿童开始探索新的空间和新的知识，他们更加主动地表达自己，希望自己快快长大，喜欢与他人交往并寻求令自己愉快的社交关系。他们把一切都"戏剧化"。

反 应

在 6 到 7 岁，儿童的反应大多以粗鲁的方式表现出来。由于缺乏对精细动作的控制能力，他们很容易打碎东西，还会以逗弄小动物为乐。当他们有攻击性的举动时又会因此感到害怕，于是他们不得不退缩或把自己关在房间里。

8 岁左右的儿童的反应表现为辩论，其攻击性表现为伴有受虐和受害意味的行为："没有人理解我"、使劲关上门、毫无理由地哭泣……

社 会 化

虽然这个年龄阶段的儿童仍然依赖母亲，但在情感上已经与母亲分离。在 8 岁左右，他们可能会对母亲特别苛刻，希望母亲所做的一切都是为自己。此时作为榜样和安全感的来源，父亲的负面意见会让他们感到受伤。他们和兄弟姐妹之间会存在竞争，这会导致争吵。他们很愿意并经常做兄弟姐妹的"小间谍"，因为当兄弟姐妹遭受惩罚时他们会感到很满足。

他们与同龄人一起结成小团体并保持协作，但并不总能接受团体游戏中的规则。他们开始结交好朋友。

恐惧情绪

在 6 岁左右时，儿童对黑暗和开放或封闭空间的恐惧情绪非常普遍，这些恐惧情绪（广场恐惧症）很难投射在画纸上。此时他们还会出现对超自然现象的恐惧情绪（如害怕巫婆、幻想的动物、怪物等）。

在大约 7 岁时，儿童的恐惧情绪会加重，直至转化为惊恐和焦虑。他们害怕自己是被收养的孩子，害怕不被人爱。他们对死亡和黑暗的恐惧与幼年时有所不同。他们害怕父母中的一方会抛弃自己，并因此害怕父母分开。他们开始意识到日常生活中的忧虑：害怕上学迟到，害怕给他人留下不好的印象等。

此年龄阶段的儿童对疾病、受伤和医生的恐惧有所减轻，他们的大多数恐惧情绪与家庭和学校有关。

因此，我们经常听到儿童诉说他们对幽灵、巫婆、怪物及可能攻击他们甚至有致命伤害的凶猛野兽的恐惧，他们通过这种象征性的方式表达害怕受到父母的惩罚，也就是说他们害怕因自己应该做但还没有做的事受到父母的惩罚。

在儿童的意识中，他们并不希望惩罚自己的人是父母；然而在无意识中，父母就是惩罚自己的人，所以在儿童的恐惧情绪中，他们给父母戴上了幻想的怪物这一"面具"。

此外，出于各种原因，这一年龄阶段的儿童会与父母频繁地发生冲突：儿童发现自己不得不与对父母的矛盾情绪做斗争，他们正在走向自主，但尚未实现完全独立，并且他们的攻击性已经为自己所熟知。

他们对学校的恐惧情绪也具有深远的意义，即这意味着分离焦虑，这种情绪状态常常会变成恐慌，并且父母和子女遭受的恐慌程度是相同的。通常是母亲害怕与子女分离：在她们眼中，一旦离开自己，子女就失去了保护，因此在学校、寒冷和充满危险的环境中他们需要得到保护。母亲总是想让子女在自己身边，孩子会无意识地感受到母亲的这种心理，并且这正是他们所期望的。

除了这些无意识的和非理性的恐惧情绪外，还有一些恐惧情绪与儿童的生活经历有关：害怕猫，因为猫把他们抓了；害怕昆虫，因为蜜蜂蜇了他们一下；害怕火，因为他们曾被烫伤过。

更多的恐惧情绪来自家长过度的叮嘱："不要碰剪刀""要小心

狗""不要爬树"等。父母的过度保护会使儿童失去自信心，他们会因此害怕一切，从不冒险，从不承担新的任务。除此之外，他们还坚信自己不具备完成任务、冒险和尝试的能力。在这一点上，儿童的恐惧情绪会越来越多，并被小心地隐藏起来，或者在一段时间之后通过一些征状表现出来。

涂鸦和绘画

让我们看一下下面这幅图画（见图 3-10），它展现了这个年龄阶段的儿童最常见的恐惧情绪：尝试离开家人和进入学校时的分离焦虑。对图画中的小男孩而言，学校是一个未知的地方，充满了想象中会遇到的所有危险。

从这幅全家人的画像中我们可以发现，家庭成员的身体都连在一起，这表明了一种过于依赖的关系，并且很难克服。所有人物的衣服上都画有纽扣，这进一步表明小男孩害怕被抛弃。

图 3-10　分离焦虑

一些建议

父母的态度会对儿童的恐惧情绪产生积极或消极的影响。显然，父母应该向儿童说明他们的行为举止会带来哪些后果，但也不要过分吓唬他们。不能把我们的恐惧情绪加在孩子"合乎情理"的恐惧情绪之上。

儿童的恐惧情绪应该被尊重，我们不能把它当作武器来使用或嘲笑。

惩罚要始终如一，以免儿童不惧怕自己的行为带来的后果；不断增强儿童的自信心，让他们感到自己"有能力"面对现实；不要期望他们做与其实际能力不相符的事情。

8 至 12 岁

情绪

通常这个年龄段的儿童更喜欢撒娇、更热情，他们会更加有意识地留恋家庭和重视家庭。

情绪世界不再那么不稳定和具有威胁性，因此也更容易控制。

10 至 11 岁的儿童更平静、更从容，他们知道如何更自然地处理自己的情感。但是，他们特别敏感、容易冲动、喜欢独处，在家里可能会表现得沉默寡言，但在外面很健谈，也更加慷慨。

反应

在儿童 9 岁时，情绪突然爆发的情况变得越来越少，强度也越来越小。愤怒更多地通过身体和在活动中表现出来。他们哭泣更多是因为愤怒而非怨恨，因此他们的怒火也很容易平息。

在 11 至 12 岁时，儿童的情绪反应表现为有暴力倾向或大发雷霆，但他们能够控制自己的愤怒。他们的脾气不再暴躁，但会说很多粗话，这可能是因为他们感觉自己已经长大了。

社会化

9 至 10 岁的儿童会有意识地与同龄人成群结队，他们不再以自我为中心，批判意识也开始发展。他们和母亲之间的关系更真诚、更亲密，同时需要父亲对自己投入更多的时间和关注。

对他们而言，外部世界变得越来越重要，尤其在友谊方面。

在儿童 11 岁左右时，他们对母亲的反应有时会很粗暴，他们发脾气、不再乐于助人、不再对长辈表现得尊敬有加或者对他们很挑剔。他们开始与父亲竞争，向父亲发起挑战，尽管挑战经常被游戏掩盖。

这个年龄阶段的儿童正处于所谓的充满矛盾的"愚蠢的年龄"：一方面，他们感觉自己"长大了"，并喜欢表现出自己在各方面很成熟；另一方面，由于幼稚的有些荒谬，他们会沉迷于一些无法解释的行为举止和态度中。

恐惧情绪

这一年龄阶段儿童的恐惧情绪主要与学校有关（如害怕老师提问、害怕考试不及格、害怕不被老师认可），与成长有关，与身体正在经历的变化有关。

其他恐惧情绪（那些在幼儿时期没有被克服的恐惧情绪）则因人而异，或者具有社会性质的恐惧情绪，如贫穷、战争、灾难等。

他们还会担心父亲失业或与母亲分开。

涂鸦和绘画

如何从这些年龄较大的儿童的涂鸦和绘画中捕捉他们的恐惧情绪呢？正如我们看到的，涂鸦和绘画的主题多种多样，因此我们的调查也必须绝对个人化，很难用年龄来概括。

然而我们发现，青少年最常见的恐惧情绪与他们在生理上和智力上对自己的错误认知有关。

树木测试似乎是最容易投射出潜意识的一种方法。在图 3-11 中，我们注意到树干上有一个洞穴，这表明作画者难以走出家庭和面对各种困难。这棵树的顶端传递出的是社会化方面的信息，即作画者害怕自己不被他人接受。

图 3-11 有洞穴的树干

一些建议

父母要非常小心地处理自己对孩子的学业和成绩的担忧，避免对他们提出过多的要求。最重要的是不能对他们放任不管，还美其名曰培养他们的责任心（"这样你就长大了"）。对他们的要求可以严格，但不要过于完美。要让他们明白，他们不是唯一一个遇到某个困难的人，我们也曾经遇到并克服了这些困难。不要抓住他们可能会犯的错误不放，而要重视他们的努力和热忱，无论最后的结果如何。

第四章

34 种最常见的儿童恐惧情绪

如何阅读恐惧情绪标签

接下来我们将分析儿童最常见的恐惧情绪，为了便于读者阅读和使用，我们将这些恐惧情绪整理成单独的标签。显然，这些内容并不详尽，也不能为每个问题提供解决方案。但是，它们可以给父母和教育工作者提供一些帮助，通过分析儿童的涂鸦和绘画是理解和尝试解决他们所遭受困扰的一个重要因素。我们应尽可能避免儿童的一些简单恐惧情绪随着时间的推移变为真正的恐惧症。

在每种恐惧情绪标签中，都包括以下几个方面的内容。

● 原因：指出可能会导致所述恐惧情绪产生的因素。

● 发生年龄：即在儿童的成长过程中，最易于和最可能产生这种恐惧情绪的年龄阶段。

- 心理类型：有助于理解表现出特定恐惧情绪的儿童的心理特征（请参阅本书第二章"心理类型与恐惧情绪"）或气质。

- 行为表现：在发生令儿童恐惧的事件期间或之后其常见的行为举止。

- 演变：在有或没有外界干预的情况下，恐惧情绪是如何演变的，或者随着时间的推移是如何自行消除的。

- 实用建议：即父母和教育工作者在儿童成长过程中能够给予他们的有效帮助。实际上，仅凭常识是不够的，我们必须采取适当的行动，以避免某些恐惧情绪在日后发展成严重的问题。

- 涂鸦和绘画的内容：即使儿童的涂鸦和绘画中没有明显和确切的迹象表明其正被某种恐惧情绪困扰，但它们依然能表明儿童的其他困扰，如紧张、焦虑等。以下列举的案例可以帮助父母和教育工作者通过对儿童的涂鸦和绘画进行分析来识别他们的恐惧情绪。

对于某些恐惧情绪我们用了更多的笔墨，因为这些恐惧情绪是儿童成长过程中最常遇到的，需要深入探讨，如害怕动物、害怕黑暗、害怕昆虫、害怕怪物和幽灵、害怕上学。

害怕被抛弃

原因

主要是由于母亲形象的缺失。儿童害怕自己不被接受，被"遗忘"在学校或幼儿园。

发生年龄

幼儿时期。

心理类型

此类儿童比较情绪化，属于胆怯心理类型。

行为表现

他们沉默寡言，几乎有些自我封闭，或者无缘由地表现出攻击性行为。当年龄稍大一些，他们会表现出退化行为，如发出类似婴儿的声音、把手指放在嘴里、尿床、无缘无故地哭泣。

演变

即使存在可以替代的母亲形象，儿童的这种恐惧情绪也很难自行消退。

实用建议

帮助儿童用言语表达内心的痛苦，此外需要用使他们感到安心的肯定语气让他们平静下来，让他们更多地感受到父母的存在和亲密感。

涂鸦和绘画的内容

在人物形象或全家人的涂鸦和绘画中，会出现纽扣；所画人物可能没有涂上颜色，人物的手带有晕影。

树是弯弯曲曲的或被涂掉（见图 4-1）。

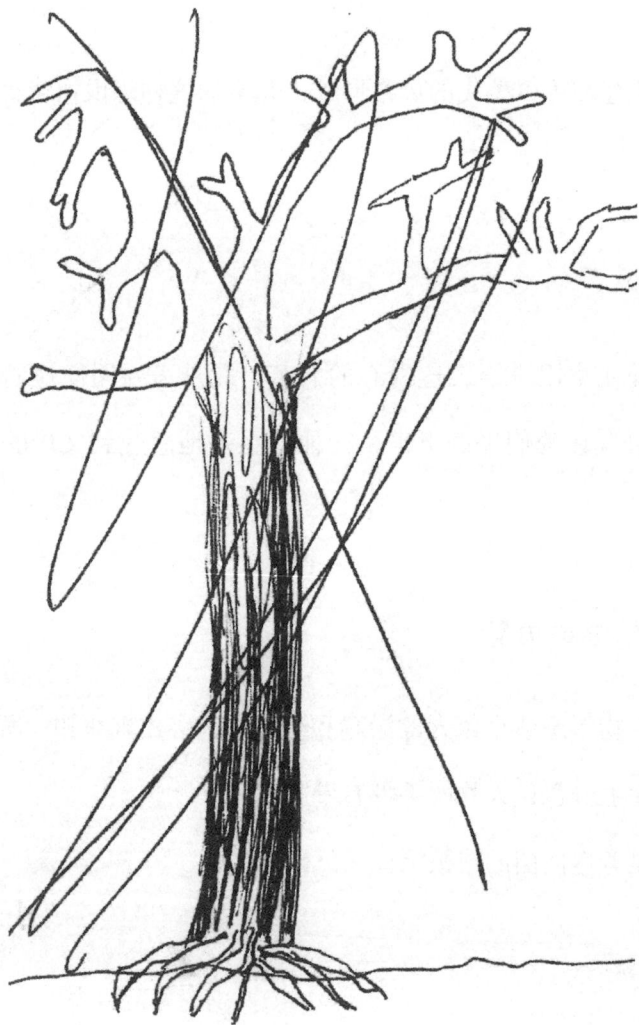

图 4-1 害怕被抛弃

害怕水

原因

这种恐惧情绪几乎都是由童年创伤、产前因素或错误的教育方式引起的，如将儿童过于粗暴地扔入水中（正如我们经常在海边看到的情况）。

发生年龄

发生的年龄非常早，甚至在刚出生后的几个月。

心理类型

无特殊心理类型。

行为表现

随着时间的推移，如果这种恐惧情绪仍持续存在，那么儿童在长大后依然会拒绝游泳。

演变

如果以正确的方式帮助儿童，并且不说"狠话"（如"你要是再不下水我就揍你"），这种恐惧情绪就能够化解。

实用建议

避免强行给儿童洗澡或将他们扔入水中，同时要用合乎情理的方式说服他们，例如："你已经是一个小男子汉了，你看你的妹妹多棒……"

涂鸦和绘画的内容

涂鸦和绘画中有灰色或黑色的乌云，有雨甚至是雪（见图4-2）。

图 4-2　害怕水

害怕高空

原因

儿童有过创伤性的体验，如成年人将其举高或抛向空中。

发生年龄

幼儿时期，但只有到青春期才表现为一种真正的恐惧情绪。

心理类型

此类儿童属于冲动的焦虑心理类型。

行为表现

儿童会出现焦虑发作，表现为哮喘发作或窒息感。

演变

这种恐惧情绪会持续多年。

实用建议

让儿童逐步适应在高空的感觉。

涂鸦和绘画的内容

大树的根牢牢地根植于土壤中，画中有飞翔的鸟儿或蝴蝶（见图 4-3）。

图 4-3　害怕高空

害怕攻击性

原因

源于儿童遭受过身体和心理暴力。

发生年龄

早期，通常在 2 至 3 岁。

心理类型

无特殊心理类型。

行为表现

儿童的行为极其惹人恼火或任性。

演变

儿童倾向于认同"攻击者"，因此会表现出攻击性或暴力行为。

实用建议

鼓励儿童与其他小伙伴一起玩耍，等他们稍大一点，让他们参加一些团体体育活动。

涂鸦和绘画的内容

线条明显，颜色浓烈，多以红色和黑色为主（见图 4-4）。

图 4-4　害怕攻击性

害怕动物

原因

可能源于过于严格的个人卫生教育。

发生年龄

一般在学龄期表现出来或者能被更好地识别出来。

心理类型

此类儿童抑制、腼腆、有洁癖，属于胆怯心理类型。

行为表现

儿童过分挑剔，有选择困难（包括食物），过度清洗，当身上的衣服弄脏时会哭泣。

演变

这种恐惧情绪可能会导致重复性的行为和强迫观念。

实用建议

在秩序和个人卫生方面放宽对儿童
的要求，避免过度洁癖，包括在食物
方面。

涂鸦和绘画的内容

线条、色彩和形象都非常传统和刻
板（见图 4-5）。

深入探讨

无论儿童害怕家养的宠物还是凶猛
的动物，在其成长过程中，这都与关系
的含糊和不确定有关。实际上，儿童对

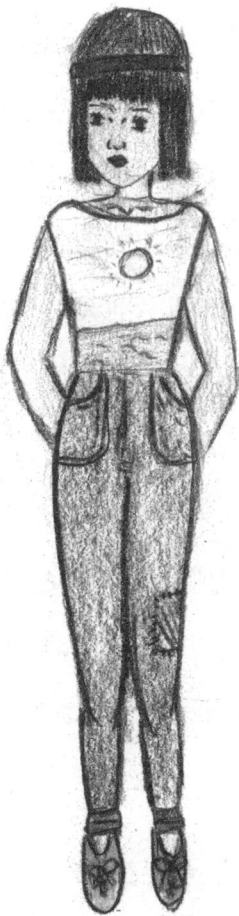

图 4-5　害怕动物

动物充满好奇心，同时又排斥它们，因此产生了恐惧情绪。对儿童来说，向父母提出养一只宠物的要求很容易实现，这能够让他们更加近距离地面对内心的困扰，并且和宠物一起控制自己的恐惧情绪。

儿童对宠物的恐惧情绪几乎总代表了一种因未解决的情感问题引起的不适，而对凶猛野兽的恐惧情绪可能与儿童并不是总能控制，甚至无法表现出来的攻击性冲动有关。但是，我们必须区分儿童对动物的恐惧情绪是在幼儿期还是青春期。在幼儿期，这种恐惧情绪可能与儿童对攻击性冲动表现出的可怕力量并因此感知到自己的脆弱有关。而在青春期，青少年感受到了攻击性冲动的全部力量，并且担心这种冲动会给自己的生活带来困扰。

父母应该再次主动搜寻儿童是否有害怕动物的迹象，因为这是他们健康成长的一部分。既不要高估这种恐惧情绪也不要低估，帮助儿童在内心建立起真正的自信，让他们从容地对待这种攻击性冲动，通过对自我的掌控来面对一切，进而展现出自己所有的应变能力。

害怕灾难

原因

任何未知的因素都会让儿童产生这种无意识的且难以控制的恐惧情绪，灾难意味着破坏性的力量，它不仅会毁灭一切，还会带来死亡。

发生年龄

学龄期（大约 6 岁）。

心理类型

无特殊心理类型。

行为表现

儿童紧张而烦躁，很难控制自己的情绪。

演变

在儿童成年之后这种恐惧情绪会留下一些痕迹，每次发生具有破坏性的灾难时都会再次激起这种恐惧情绪，或者转化为气候病（即因季节性气候变化或季节性病菌感染所致的疾病）。

实用建议

给儿童以安抚，尤其避免在发生自然灾害时让儿童孤身一人。

涂鸦和绘画的内容

在风景画中会出现具有象征意义的保护性的细节，如彩虹、枝叶繁茂的大树或城堡（见图 4-6）。

图 4-6 害怕灾难

害怕黑暗

原因

可能源于特殊的活动、事件或者故事及"吓人的"节目激发了儿童的想象力。

发生年龄

2 至 5 岁。

心理类型

此类儿童非常敏感，属于胆怯心理类型。

行为表现

当儿童不得不身处没有光线的环境中时，就会产生这种恐惧情绪。

演变

这种恐惧情绪会一直持续到青春期和成年早期，有时在成年之后仍会留下一些痕迹。

实用建议

在儿童想象的这场战斗中，父母应该成为他们的"盟友"。

涂鸦和绘画的内容

树上有巢穴、树洞和可以藏身的地方（见图 4-7），过度使用黑色。

深入探讨

在 2 至 5 岁的儿童中，害怕黑暗是最为频发的一种恐惧情绪。在婴幼儿初期，他们对危险的意识有限，然而在 2 至 5 岁这一年龄阶段，得益于丰富的想象力和推理能力，他们开始感知到现实中的危险。在夜晚，黑暗中充斥着各种奇异古怪的人物，这些形象大多与白天使他

图 4-7 害怕黑暗

们受到惊吓的人物、事物有关，或者这些形象代表了他们内心的不适，通常这种不适还伴有内疚感。

我们经常能觉察到儿童对黑暗的恐惧，因为他们总是迟迟不肯上床或要求和父母一起睡。在这些情况下，父母不要对他们过于严厉，也不要惩罚他们，因为这并不是他们很任性，而是他们的真实情绪和感受，并且仅仅通过言语或讲道理无法消除他们的这种恐惧。他们明白父母讲的道理，甚至认为父母讲得都对，但是他们无法仅仅靠意志控制自己和克服这种恐惧情绪。

小家伙儿需要我们的安慰和爱，有时只是简单的爱抚、亲昵或发自内心的微笑就能消除他们的这种恐惧情绪。

有一种解决方法是打开儿童房间的门，让一束柔和的灯光照进他们的房间；还有一种更好的办法是父母和孩子一起将床头的灯涂成蓝色或其他合适的颜色，这样在他们睡觉时就可以整夜开着灯。

害怕独立自主

原因

儿童认为自己的能力不足。

发生年龄

青春期。

心理类型

通常此类儿童属于胆怯心理类型。

行为表现

很冷漠，对于一切需要努力和意志力的事情都不感兴趣。

演变

可能会引发爆发性或叛逆性行为。

实用建议

避免对儿童过度保护。

涂鸦和绘画的内容

线条微弱，占用纸张空间较小，并且集中在下方（见图 4-8）。

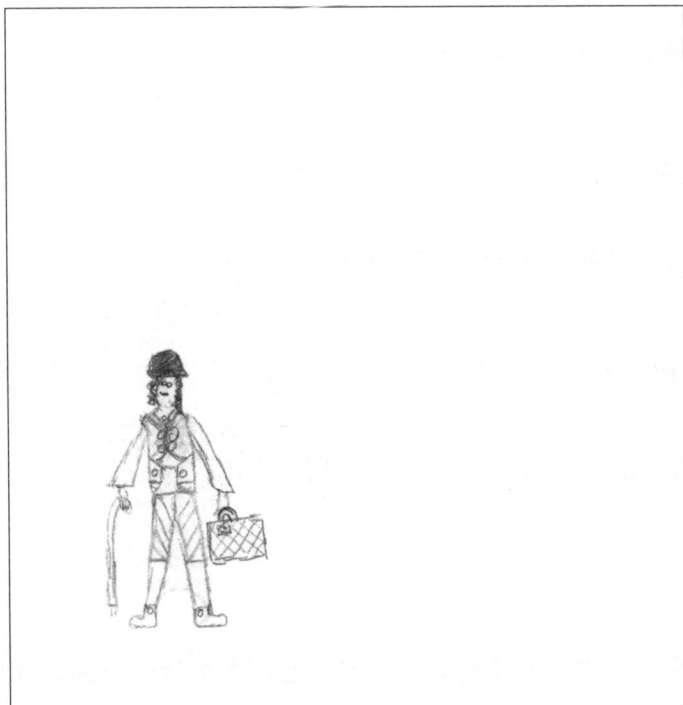

图 4-8　害怕独立自主

害怕身体接触

原因

在婴幼儿时期被过度地亲吻，特别是亲吻嘴部。

发生年龄

学龄期（大约 6 岁）。

心理类型

此类儿童属于多愁善感或压抑的焦虑心理类型。

行为表现

扭捏、腼腆，在被亲吻后试图用手"擦掉"。

演变

导致儿童的自主性丧失，尤其当他们本来就比较黏人和反应迟钝时。

实用建议

尊重儿童，避免言语和行为上过分亲昵。

涂鸦和绘画的内容

在全家人的画像中，家庭成员被分开，有时甚至在不同的房间或用线隔开（见图 4-9）。

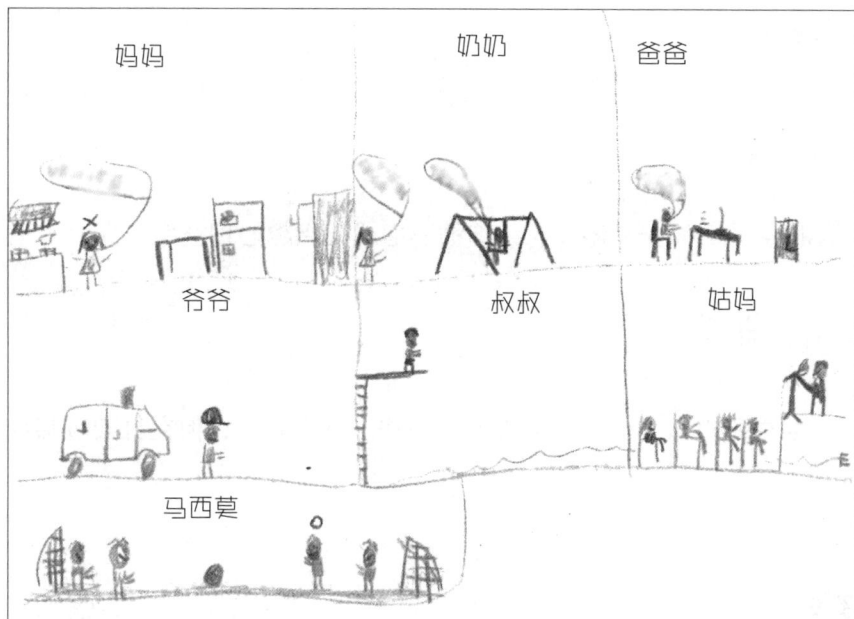

图 4-9 害怕身体接触

害怕长大得太快

原因

通常高高瘦瘦的儿童会有这种恐惧情绪，因为与其年龄相比，他们长得"太快了"。

发生年龄

青春期。

心理类型

此类儿童属于易激动、压抑的焦虑或无兴趣心理类型。

行为表现

如果是男孩，他们大多害羞、胆怯、沉默寡言，但在打架时却反应迅速。

演变

这种恐惧情绪会随着年龄的增长和被集体接受而消失。

实用建议

父母最好能关注除身材之外儿童的其他外貌特点，并尊重他们的举止或着装方式。

涂鸦和绘画的内容

通常，涂鸦和绘画中的人物形象身材矮小、体格健壮、肌肉发达（见图 4-10）。

图 4-10 害怕长大得太快

害怕违抗

原因

从根本上讲是由于父母言行不一，他们用自己并不遵守或否认的原则教育儿童。

发生年龄

6 岁以上。

心理类型

无特殊心理类型。

行为表现

儿童会采取反抗的态度或反应过度，也会表现出情感上的分离。

演变

取决于父母能否及时发现儿童的这种恐惧情绪迹象，因为有时迹象并不明显。

实用建议

　　父母必须郑重地思考自己对儿童的教育方式，最重要的是父母必须言行一致。

涂鸦和绘画的内容

　　在全家人的画像中，有令人生畏的形象，没有儿童的自画像（见图 4-11）。

图 4-11　害怕违抗

害怕医生

原因

这是一种由于生病，或者突然、长时间住院直接引发的恐惧情绪。

发生年龄

儿童的整个成长阶段，并与其生活经历息息相关。

心理类型

无特殊心理类型。

行为表现

这种恐惧情绪很容易蔓延至所有身穿职业制服的人身上。

演变

通常这种恐惧情绪会随着时间的推移自行消除。

实用建议

父母应避免将儿童视为脆弱的人来照顾。

涂鸦和绘画的内容

为了驱散这种恐惧情绪，儿童会在自画像中画上创可贴或红色的十字（见图 4-12）。

图 4-12　害怕医生

害怕考试

原因

儿童的内心缺乏不安全感和自主，被过度地保护，或者害怕辜负父母的期待或让父母失望。

发生年龄

学龄期，6 岁以上。

心理类型

此类儿童属于冲动的焦虑心理类型。

行为表现

在考试过程中，儿童特别安静或具有攻击性。

演变

这种恐惧情绪会躯体化，即转变为身体方面的不适，并且发展为害怕承担任何责任。

实用建议

父母应通过一些方法帮助儿童放松下来，尤其帮助他们为现实生活做好思想准备，给予其即不夸大也不低估的公正评价。

涂鸦和绘画的内容

可以从人物的构图或色彩中看出他们的挑剔和完美主义（见图 4-13 ）。

图 4-13　害怕考试

害怕自己是被收养的

原因

家庭内部沟通不畅，如父母没有充分地表达自己对儿童的爱。

发生年龄

学龄期，大约 5 至 6 岁。

心理类型

此类儿童属于无兴趣心理类型。

行为表现

对父母表现出攻击性行为。

演变

儿童会变得孤立、暴躁、易怒。

实用建议

父母必须使用令儿童安心的方式与其对话，关心其真实的需求，花时间陪伴他们。

涂鸦和绘画的内容

在全家人的画像中，儿童将自己涂成黑色；在树木图画中，树叶是掉落的（见图 4-14）。

图 4-14　害怕自己是被收养的

害怕自己是坏孩子

原因

父母不接纳儿童，在无意识中或多或少地拒绝儿童。

发生年龄

4至5岁。

心理类型

无特殊心理类型。

行为表现

经常表现不好，似乎是以这种方式故意引起父母对自己的注意。

演变

儿童变得淘气、爱哭闹。

实用建议

在与儿童交流时，父母要用鼓励性的言语，尤其要多花一些时间陪伴他们，增强他们的自尊心，并向他们确保对他们的爱。

涂鸦和绘画的内容

在全家人的画像中，儿童的自画像没有涂上颜色（见图 4-15）。

图 4-15　害怕自己是坏孩子

害怕被吃掉

原因

　　与"害怕身体接触"一样，这种恐惧情绪的根源也是儿童刚出生后几个月被过度亲吻，他们感觉自己"被吞噬了"。

发生年龄

　　刚出生后的几个月。

心理类型

　　无特殊心理类型。

行为表现

　　随着年龄的增长，他们倾向于用手"擦掉"每次亲吻，不喜欢其他人离自己太近。

演变

这种恐惧情绪会自发地消除，但在成年后他们对身体接触仍然有些排斥。

实用建议

父母必须给予儿童应有的尊重，避免在他们面前摆姿态、小题大做或装腔作势。

涂鸦和绘画的内容

在全家人的画像中，儿童将自己与其他家庭成员分开（见图4-16）。

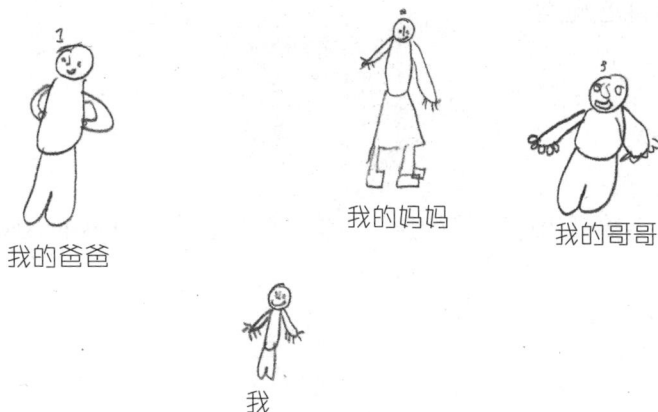

图 4-16 **害怕被吃掉**

害怕昆虫

原因

源于儿童性意识的"觉醒"。

发生年龄

始于青春期，大约在 8 岁，但通常会更早。

心理类型

无特殊心理类型。

行为表现

儿童会表现出夸张的行为，叫嚷、叫喊且带有挑衅的意味。

演变

这种恐惧情绪会演变成真正的恐惧症。

实用建议

父母可以在家里养儿童喜欢或钟爱的宠物，如猫、狗等。

涂鸦和绘画的内容

涂鸦和绘画中充斥着大量的黑色（见图 4-17），这是焦虑的信号。

图 4-17　害怕昆虫

深入探讨

儿童总是非常愿意接近大自然，昆虫（如蚂蚁、蝴蝶、蜜蜂、蜘蛛等）则是他们的幻想、涂鸦和绘画的一部分。涂鸦和绘画中的昆虫意味着他们对大自然的热爱，对自由的渴望和审美的敏感等。

然而，当儿童对昆虫表现出恐惧或过于排斥时，这意味着他们的内心正在经历某种不安。

儿童通过哭泣或无意识的焦虑表现出对昆虫的恐惧具有多种含义：可能是"潜伏期"（即小学阶段）之后儿童性意识的"觉醒"，也可能是由于过于严格的个人卫生教育，或者对死亡和疾病的恐惧（因为一些令人印象深刻的文字、电影或纪录片，这种恐惧情绪可能被放大了，并且儿童控制情绪的能力较弱）。

无论在哪种情况下，儿童害怕昆虫都是需要父母关注的一个信号：如果不帮助儿童消除这种恐惧情绪，则会演变为他们难以面对自己的身体或在社交方面存在困难。

害怕权威

原因

父母对儿童要求太高、过于严格或父母形象缺失。

发生年龄

刚出生后的几个月。

心理类型

此类儿童天生情绪化，非常敏感，属于典型的压抑的焦虑心理类型。

行为表现

没有安全感，压抑，焦虑。

演变

这种恐惧情绪在成年后会演变为成瘾行为。

实用建议

父母应降低对儿童的期望，教育他们要遵守规则。父母的教育方式是树立威信，而不是独断专行。

涂鸦和绘画的内容

在人物形象中加入攻击性的符号，如牙齿、锋利的物体、棍棒；在全家人的画像中，惩罚儿童的家长身边经常会画有动物（见图4-18）。

图 4-18　害怕权威

害怕怪物和幽灵

原因

过多地接触暴力电视节目、电影或恐怖故事，或者父母经常"威胁"年幼的子女，如"大灰狼来了"。

发生年龄

童年早期，取决于家庭习惯，也包括文化习惯。

心理类型

此类儿童非常敏感，属于戏剧性心理类型。

行为表现

烦躁不安，难以入睡，经常在夜里醒来。

演变

即使在儿童成年后，这种恐惧情绪的痕迹仍然存在。但是，随着时间的推移，这种恐惧情绪的急性表现会通过合理化（一种心理防御机制）得以消除。

实用建议

当儿童看电视时，父母应该注意对电视节目的选择，尤其当他们还很小的时候，并且应该陪他们一起看电视。

涂鸦和绘画的内容

涂鸦和绘画中不仅会出现诸如龙、蛇、虎等凶猛的动物（见图4-19），还会有机械怪物，如机器人。

图 4-19　害怕怪物和幽灵

深入探讨

这种对怪物的恐惧情绪通常源于儿童做了一个令他们感到特别害怕的噩梦，或者独自观看了令他们感到害怕的电视节目。

也有可能是儿童被怪物吸引，他们想亲眼看看这些怪物并和它们一决高下，用自己的勇气和力量与恐惧情绪抗衡，并以这种方式面对成长带来的变化。然而，在入睡前，他们的幻想将这个怪物的形象放大，他们看到怪物巨大的双眼中充满了火焰，有两个巨大的脑袋。在之前的游戏中，怪物只是一个"想象"的对手，如今却变成了一种威胁，一种"具体的"危险，即被怪物打败及与父母在情感上疏离。

父母应该仔细观察儿童的行为举止，让他们知道父母对他们的爱，并且和儿童一起观看他们最喜欢的电视节目。

如果对怪物的恐惧源自反复出现的梦境，那么父母就需要自问，是否有家人对儿童过于严苛。

害怕疾病和死亡

原因

儿童周围有生病的、身体残疾的家人或亲属，或者母亲总是身体不适。

发生年龄

通常是在小学阶段。

心理类型

无特殊心理类型。

行为表现

儿童认同母亲是脆弱的，并且感觉自己也很脆弱。

演变

这种恐惧情绪会演变成真正的疑病症。

实用建议

无论如何父母都应该成为儿童活力的源泉，绝不能让儿童对生命失去热情。

涂鸦和绘画的内容

在全家人的画像中没有涂色；在画自己的家时，画中的门和窗都紧闭着（见图4-20）。

图 4-20 害怕疾病和死亡

害怕锋利的物体

原因

儿童感觉自己被"抛弃"了，缺少来自父母，至少是父母中的一方的教育承诺。

发生年龄

童年早期。

心理类型

无特殊心理类型。

行为表现

儿童具有攻击性，紧张不安，会"刻薄地"回击他人。

演变

这种攻击性会转变为暴力倾向。

实用建议

父母需要对婴幼儿倾注大量的关注、情感和时间，并且和他们一起参与到教育活动中。

涂鸦和绘画的内容

涂鸦和绘画中会出现刀子、凶猛的动物（见图 4-21），使用浓烈的色彩且以黑色居多；在人物画像中，人物的牙齿清晰可见。

图 4-21　害怕锋利的物体

害怕恐惧本身

原因

在刚出生后的几个月里不断遭受强烈的指责和训斥。

发生年龄

婴幼儿期。

心理类型

无特殊心理类型。

行为表现

全身颤抖，面色苍白，出汗；有时在婴幼儿睁大的双眼中可以看出他们的惊恐。

演变

即使在儿童成年后，这种恐惧情绪也会以多种不同的形式继续存在。

实用建议

如果这种恐惧情绪一直持续到青春期，父母最好咨询一下心理医生。

涂鸦和绘画的内容

涂鸦和绘画中的人物画像有一双巨大的黑色眼睛（见图 4-22）。

图 4-22　害怕恐惧本身

害怕理发

原因

这是一种返祖性的恐惧情绪（实际上，毛发是男性力量的象征），因此婴幼儿有这种恐惧情绪与其生活经历无关。

发生年龄

婴幼儿期。

心理类型

此类儿童非常敏感，属于多愁善感心理类型。

行为表现

哭闹，想尽一切办法不去理发。

演变

通常这种恐惧情绪会在儿童进入青春期后自行消退，即当理发具有审美意义的时候。如果进入青春期后这种恐惧情绪仍然持续存在，儿童的行为表现则可能是对父母迫切要求自己去理发表示拒绝。

实用建议

将儿童害怕理发这件事告诉理发师，并让父亲陪他们去理发，因为这种恐惧情绪在男孩中更常见。

涂鸦和绘画的内容

涂鸦或绘画中会出现代表男性生殖器的符号、刀子、刀片或长发（见图 4-23）。

图 4-23　害怕理发

害怕失去父母的爱

原因

弟弟或妹妹出生，或者父母对兄弟姐妹们过分夸奖。

发生年龄

童年早期，当儿童对情感有了意识后就会心生嫉妒。

心理类型

无特殊心理类型。

行为表现

具有攻击性，尤其是出现退行性行为，即回到婴幼时期的状态，如尿床、无缘由地发脾气、哭闹，要求和爸爸、妈妈一起睡在"大床"上。

演变

当儿童能够克服嫉妒心理，或者将父母的爱"放在一边"的时候，这种恐惧情绪就会消退。

实用建议

父母可以让儿童一起照顾他们的弟弟或妹妹，向他们表达自己的爱，避免出现任何会被他们理解为自己没有弟弟或妹妹重要的比较。

涂鸦或绘画的内容

在全家人的画像中，自己在摇篮里或被父母抱着（见图 4-24 ）。

图 4-24　害怕失去父母的爱

害怕被绑架

原因

这是一种典型的"现代的"、社会性的恐惧情绪，与媒体报道的内容相关。

发生年龄

学龄期，当儿童具有更加明显的自主性时，脱离父母的保护也就更加明显。

心理类型

无特殊心理类型。

行为表现

儿童表现出对父母的强烈依赖。

演变

在儿童成年后会演变为无法与家人分离，会长期居住在父母家中。

实用建议

父母应该与儿童谈论当他们走出家门后可能会遇到的危险，但不要过分夸大，而是试着向他们传达安全、信任和责任。

涂鸦和绘画的内容

在全家人的画像中，将自己画在摇篮里或婴儿车里（见图 4-25）。

图 4-25　害怕被绑架

害怕血

原因

这是由创伤性的经历、偶然的事故或住院经历引起的。

发生年龄

无特殊年龄，主要取决于生活经历。

心理类型

无特殊心理类型。

行为表现

在面对任何轻微的疾病时，儿童都表现出强烈的情绪。

演变

这种恐惧情绪会演变成真正的疑病症。

实用建议

在儿童极度焦虑时，父母应该保护他们，陪伴在他们身边，安抚他们，让他们平静下来并恢复理智。

涂鸦和绘画的内容

涂鸦和绘画中会出现尖锐、锋利、可致人受伤的物体（见图 4-26）或凶猛的动物。

图 4-26　害怕血

害怕犯错

原因

父母过于挑剔或专制。

发生年龄

小学阶段。

心理类型

儿童对挫折的承受能力较差，通常属于胆怯心理类型。

行为表现

害羞且内向，尤其在面临考试、测验、比赛和竞赛时。

演变

这种恐惧情绪会导致儿童的注意力和专注力下降。

实用建议

父母应该降低对儿童的要求，如果他们取得了一定的成绩，要给予表扬，即使他们获得这个成绩很吃力或成绩并不是很优秀。

涂鸦和绘画的内容

涂鸦和绘画有反复涂改的痕迹和犹豫不决的笔触（见图 4-27）。

图 4-27　害怕犯错

害怕弄脏

原因

过于严苛的个人卫生教育。

发生年龄

3 岁之后。

心理类型

儿童属于多愁善感或压抑的焦虑心理类型。

行为表现

儿童会经常进行清洗，不能容忍与他人亲密接触，在选择食物时很挑剔。

演变

可能会演变为真正的恐惧症，导致难以摆脱的仪式和强迫行为。

实用建议

父母应该采用不那么严苛的教育方式，让儿童玩橡皮泥、黏土、蜡笔、沙子等。

涂鸦和绘画的内容

在画房子时，房子的形状画得尤为仔细，而房子轮廓的线条则较轻（见图 4-28）。

图 4-28　害怕弄脏

害怕巫婆

原因

源于儿童与母亲之间的关系较差。

发生年龄

幼儿时期。

心理类型

儿童属于易激动或暴躁易怒心理类型。

行为表现

对女性形象表现出既喜欢又排斥。

演变

在夜里做噩梦。

实用建议

　　母亲应改变与儿童相处的方式，对他们表现出更多的理解，尽量避免提出命令式的建议。

涂鸦和绘画的内容

　　在全家人的画像中，母亲的形象被画得很丑（见图 4-29）。

图 4-29　害怕巫婆

害怕雷雨

原因

婴幼儿会对任何自己没有听过的声音感到害怕，比如雷声。

发生年龄

1 岁左右。

心理类型

此类儿童属于暴躁易怒心理类型。

行为表现

胆小，非常敏感，需要依靠和支持。

演变

随着时间的推移这种恐惧情绪会逐渐减弱，但也会引发其他恐惧情绪，如害怕怪物和幽灵、害怕恐惧本身。

实用建议

父母应该通过一些小故事安抚儿童，帮助他们形成更加坚强的个性。

涂鸦和绘画的内容

如果儿童对雷雨的恐惧情绪持续到 6 岁之后，他们会通过画雨来驱除这种恐惧情绪（见图 4-30）。

图 4-30 害怕雷雨

害怕搬家

原因

儿童需要家和朋友给自己带来的安全感，而搬家则导致他们失去了这种安全感的来源。

发生年龄

3 岁之后。

心理类型

此类儿童属于冲动的焦虑心理类型。

行为表现

儿童会去寻找能够给予其安全感的"替代品"，如毛绒玩具、宠物、被子或一件旧衣服。

演变

儿童可能会出现退化行为，如再次使用安抚奶嘴或尿床。

实用建议

父母应避免刻板式地对儿童讲道理，如"新家多漂亮呀""这个地方多美啊"，而应马上邀请他们的小伙伴来新家做客。

涂鸦和绘画的内容

涂鸦和绘画中有很多无人居住的房子，烟囱里没有飘出炊烟（见图 4-31），或者房子没有窗户、整幅画没有颜色。

图 4-31　**害怕搬家**

害怕有络腮胡子的男性

原因

这是源于儿童在刚出生后的几个月里经历了创伤性事件（如打针、住院）。

发生年龄

1岁以内。

心理类型

无特殊心理类型。

行为表现

儿童只要看见有络腮胡子的男性就会哭，试图把对方推开并说："走开，扎人。"

演变

通常这种恐惧情绪在短时间内会自发地消除。

实用建议

坚持让儿童与留胡须的男性接触是没有用的（但这种情况却经常发生），父亲也无须为了避免儿童害怕而频繁地刮胡子。

涂鸦和绘画的内容

在人物画像中，胡子很难被画出来，通常用黑色表示（见图 4-32）。

图 4-32　害怕有络腮胡子的男性

害怕上学

原因

可能源于儿童与同龄人无法相处，害怕陌生的环境，或者与老师有不愉快的接触经历。

发生年龄

上幼儿园的初期或小学阶段。

心理类型

通常此类儿童没有安全感，属于凌乱的焦虑心理类型。

行为表现

爱哭闹。

演变

这种恐惧情绪会躯体化，即转化为身体方面的不适。

实用建议

父母应该在老师的帮助下，细心地引导、陪伴儿童进入新的环境。

涂鸦和绘画的内容

在儿童的自画像中，他们仅仅勾勒出轮廓，并没有涂上颜色（见图 4-33）。

图 4-33 害怕上学

深入探讨

我们不能把儿童真正害怕上学和普通的逃学相混淆。有一项研究表明，害怕上学和逃学的儿童分别有一些鲜明的特征：前者通常有一个过于保护自己的母亲，这类儿童饱受饮食失调、睡眠障碍、恶心、腹痛和焦虑的折磨；而后者生活在没有纪律的家庭环境中，有明显的撒谎倾向，很容易离家出走，并且可能患有遗尿症。

正如我们看到的，上述两种情况的根源都来自家庭，但却有本质的区别：前者是过度保护，后者是放任和忽视。

最重要的是，如果儿童不想上学，父母和教育工作者应能够快速分辨他们属于上述哪种情况，因为在问题出现早期提供帮助能够让问题迎刃而解。一旦被忽视，就会变成儿童发育期的严重问题之一。

儿童对上学的恐惧情绪来自对未知事物、不熟悉的环境及不同于兄弟姐妹的同龄人的惧怕。这一恐惧情绪的发生年龄不应超过幼儿园时期或小学初期。因此，我们应努力帮助儿童逐渐适应全新的学校环境，让他们逐渐与教室和其他小朋友接触，特别是与老师的接触，老师能够帮助他们减轻情感分离方面的痛苦。

害怕上学突显了儿童的特殊敏感性，他们需要时间完成与家庭的情感分离。我们必须考虑儿童的天性、实际需求和成长节奏（每个儿童的节奏都是不同的），并且要有这样的意识：即使他们的年龄很小，但他们已经是一个"人"了。

害怕父母分开

原因

当父母之间的关系岌岌可危或即将分居时，儿童就会出现这种恐惧情绪。这种恐惧情绪与儿童害怕被抛弃、被遗忘进而无法生存有关。与此同时，他们将父母分开的原因归咎于自己，感觉自己对此也负有责任。

发生年龄

与某些事件相关（即使仅仅是预兆）。

心理类型

无特殊心理类型

行为表现

儿童很焦虑，紧张，无精打采，冷漠。

演变

取决于父母如何解决他们自己面临的状况。

实用建议

父母应该避免将儿童当成乒乓球推来推去，或者当作监视配偶的"小间谍"。

涂鸦和绘画的内容

在画房子时，会出现两栋不同的房子；或者一栋房子有两个门，这两个门可能位于房屋的不同方向（见图 4-34）。在全家人的画像中，只画了父母中的一方。

图 4-34　害怕父母分开

成年人的恐惧情绪

父母的恐惧情绪会对儿童产生影响

这句话听起来似乎已经过时了，然而事实并非如此。9岁的阿莱桑德罗被多种恐惧情绪困扰，他说："是我的妈妈把这些恐惧情绪丢在我身上的！"

如果父母仍有某些恐惧情绪，这意味着他们还没有克服这些恐惧情绪，或者演变成了新的恐惧情绪，并且很可能与典型的"现代社会"困扰有关。

例如，一位超重的妈妈就有可能将自己对食物的困扰传递给孩子，因此成年人所有的恐惧症和狂躁症都会投射在儿童身上。现代的信息系统也充斥着令人愤怒、有时甚至是病态的语气，这也会让儿童产生新的恐惧情绪。

教育和自我教育意识

首先，我们有必要采取一种基于意识和知识的教育形式，做好在面对意外或危险时采取恰当的自我防护的思想准备，这对我们和儿童都有帮助。

我们都知道，父母非常关注儿童的身心健康，并向医生和儿科医生寻求如何解决儿童面临的困扰和帮助他们健康成长的建议。但是，同等重要的是，我们要了解儿童的心理、敏感性、气质和情绪稳定性：他们能否在家庭之外的现实生活中面对"恶劣的天气"，或者是否需要更多的帮助等。

父母是儿童人格构建过程中的首要责任人，应该给他们提供其成长所需的一切，而不仅仅是食物和物质（"他什么都不缺，他还想要什么呢"），还包括花时间陪伴他们、关注他们的需求和给予他们爱，而不是匆忙的亲吻或过度的保护。

危机中的父母

有些父母对教育孩子和纠正孩子的错误态度抱有恐惧心理，他们会选择顺从孩子的方式解决自己的这一恐惧，然而这非但不能解决问题反而会导致新的问题。父母的这一恐惧心理与履行职责相关。

儿童需要父母的引导，需要"稳固的"、可靠的人物形象（即从其出生至青春期的榜样）让自己安心。只有意识到自己威信的成年人才能帮助儿童获得安全感、自信心和有意识且恰当地处理生活经历的自主性，以保护自己免受心理暴力的伤害。

在家庭中父母应该怎么做

教育问题

有时，父母严苛的教育只会徒增孩子的内疚感，这会让他们产生恐惧情绪和自我惩罚的倾向。如果父母对孩子的教育方式只是简单的"你应该做"或"你不能做"，那么他们就很难独立且自信地成长。孩子当然会"表现良好"，但这只是因为他们害怕犯错。当他们长大后，会失去参照目标，平衡状态就会被打破，导致的结果就是他们需要与同龄人结群。这也是为什么在青少年中，少有人想成为"老大"。

恐惧情绪就像儿童面对的一个现实挑战。正如面临任何挑战一样，他们必须做好战斗的准备，并在可能的情况下获得胜利。我们都知道，需要会激发才能，因此儿童会发展出一些或多或少理性的且被成年人理解的策略来击败"敌人"，即恐惧情绪产生的原因或恐惧本身。

儿童成长的家庭氛围就如同他们呼吸的空气，这一氛围会进入他们的身体，并发挥着决定性的作用，因为这将成为他们性格的一部分。

这种责任感会使那些稍微敏感的父母产生疑问。但是，父母只需表现出一种平衡、冷静、和谐的行为方式就足以对孩子的性格产生积极的影响。

勒温的"戒律"

德国心理学家库尔特·勒温（Kurt Lewin）是研究家庭氛围与人格发展之间关系的先驱之一，他曾尝试将自己认为是良好的教育氛围的要素整理成文。以下是勒温为所有父母制定的"戒律"。

1. 给孩子安全感。
2. 让孩子感觉到自己被爱、被需要。
3. 避免威胁、恐吓和惩罚孩子。

4. 教会孩子独立和承担责任。

5. 保持冷静，不要因孩子本能的表现而生气。

6. 对待孩子尽可能地宽容，避免不必要的冲突。

7. 避免加重孩子的自卑感。

8. 不要把将孩子逼得太紧。

9. 尊重孩子的感受，即使它们不符合你的标准。

10. 坦率地回答孩子的问题，但也要给出适合其年龄的答案。

11. 对孩子做的事情表现出兴趣，即使你认为这些事没有用。

12. 当孩子面临困难时，不要认为他们是不正常的。

13. 促进孩子追求成长和进步，而不是追求完美。

　　显然，这些建议适用于不同的情况，但可以肯定的是，勒温提出这些建议的基本原则是对一个正在形成中的人格的尊重，这也是建立良好且健全的教育的基础。

　　父母对孩子的爱和对自己角色的认识，将有助于父母找到正确的道路和方法解决孩子在成长过程中遇到的问题。

给父母的建议

在本书接近尾声时，我们建议父母在对待孩子时采取一种解决问题的态度，或者至少准备好适合解决办法落地的"土壤"。

避免合理化

—父母不要对孩子说这样的话："你不应该害怕""在你这个年龄不应该还害怕……""你还害怕……，不害臊吗"。

—符合逻辑的解释和讲道理更适用于成年人，而非儿童。

—一个"好的榜样"（如"看看你的哥哥，他就不害怕"）并不能解决任何问题。

永远不要低估恐惧情绪

—不要对孩子说这样的话："没有什么可害怕的""什么都没发生"。

—同理心可以让父母对孩子的问题感同身受。尽管有些事对父母而言看似无关紧要，但对孩子却十分重要。要让惊恐中的孩子知道，我们能够理解他们的困扰，这意味着我们为他们提供了一个更好的发泄的空间。

—居高临下的态度会导致儿童远离父母和教育工作者，使他们失去信心和越来越孤僻，并且越来越难以摆脱恐惧情绪。

没必要过于夸大

—不要对孩子说这样的话："我的小可怜！你得多害怕呀""快到妈妈这儿来，你就不害怕了""到爸爸那儿去，他能帮你……"。

—类似上述夸张的语气会助长受到惊吓的孩子的失控情绪，从而抵消安抚的作用。

—每个孩子都应该按照自己的年龄以一种完全不同的、个性化的方式被对待。

正确评估儿童的恐惧情绪

—同理心是帮助儿童释放紧张情绪的有效方法。如果我们对孩子说，我们也有同样的恐惧，但我们通过某种方法克服了这种恐惧，那么我们就给他们提供了一个可能解决其困扰的方法。

—具有参与感的非言语符号比安慰的话语更有用，如一个拥抱或一个爱抚要好过许多无用的话语。

一个大恐惧驱散了一个小恐惧

—有时，我们可以用童话或故事消除儿童在幻想中和现实中的恐惧情绪。小时候，有一次我去祖父母家小住几日，每天晚上他们都早早地让我在一间宽敞且昏暗的房间里睡觉，这引发了我的恐惧：怪物的影子投射在墙上，令人心慌的寂静和黑暗都不能掩盖那些"外来者"的存在。面对我的无法安抚的哭声，祖父给我讲了一个布法罗拉的故事。布法罗拉是一个可怕的巨人，只要它吹一口气，就能够将数公顷的农田和森林连根拔起。好吧，我从来都没有听过这个故事的结局，因为每当故事讲到一半，随着布法罗拉不停地吹啊吹啊，我就陷入安宁的沉睡中，我的恐惧也因此消除了。

版权声明